公式集 （括弧内は記載ページ）

分数の性質 (p. 13)

$$\frac{a}{b} + \frac{c}{d} = \frac{ad}{bd} + \frac{bc}{bd}$$

$$\frac{a}{b} \times \frac{c}{d} = \frac{ac}{bd}$$

$$\frac{ac}{bc} = \frac{\dfrac{a}{d}}{\dfrac{b}{d}} = \frac{a}{b}$$

$$\frac{\dfrac{a}{b}}{\dfrac{c}{d}} = \frac{a}{b} \times \frac{d}{c} = \frac{ad}{bc}$$

根号の性質 (p. 14)

$\sqrt[n]{0} = 0, \quad \sqrt[n]{1} = 1, \quad \sqrt[2]{a} = \sqrt{a}$

$\sqrt[n]{ab} = \sqrt[n]{a}\sqrt[n]{b}$

$\sqrt[n]{\dfrac{a}{b}} = \dfrac{\sqrt[n]{a}}{\sqrt[n]{b}}$

$\sqrt[n]{a^n} = \sqrt[n]{a}^n = a$

$\sqrt[n]{a^m} = \sqrt[n]{a}^m$

$\sqrt[mn]{a} = \sqrt[m]{\sqrt[n]{a}} = \sqrt[n]{\sqrt[m]{a}}$

$\sqrt[m]{a} = \sqrt[mn]{a^n} = \sqrt[mn]{a}^n$

展開 (p. 20)

$(a+b)^2 = a^2 + 2ab + b^2$
$(a-b)^2 = a^2 - 2ab + b^2$
$(a+b)(a-b) = a^2 - b^2$
$(x+a)(x+b) = x^2 + (a+b)x + ab$
$(ax+b)(cx+d) = acx^2 + (ad+bc)x + bd$
$(a+b)^3 = a^3 + 3a^2b + 3ab^2 + b^3$
$(a-b)^3 = a^3 - 3a^2b + 3ab^2 - b^3$
$(a+b)(a^2 - ab + b^2) = a^3 + b^3$
$(a-b)(a^2 + ab + b^2) = a^3 - b^3$

因数分解 (p. 26, 27)

$a^2 + 2ab + b^2 = (a+b)^2$
$a^2 - 2ab + b^2 = (a-b)^2$
$a^2 - b^2 = (a+b)(a-b)$
$x^2 + (a+b)x + ab = (x+a)(x+b)$
$acx^2 + (ad+bc)x + bd = (ax+b)(cx+d)$
$a^3 + 3a^2b + 3ab^2 + b^3 = (a+b)^3$
$a^3 - 3a^2b + 3ab^2 - b^3 = (a-b)^3$
$a^3 + b^3 = (a+b)(a^2 - ab + b^2)$
$a^3 - b^3 = (a-b)(a^2 + ab + b^2)$

因数定理 (p. 28)

整式 $f(x)$ が $f(a) = 0$ を満たせば $x-a$ で因数分解できる．すなわち

$f(x) = (x-a)q(x)$

2次方程式の解の公式 (p. 35)

$ax^2 + bx + c = 0$ の解は

$$x = \frac{-b \pm \sqrt{b^2 - 4ac}}{2a}$$

複素数 (p. 41, 43, 46, 47)

$i = \sqrt{-1}, \quad i^2 = -1$
$\mathrm{Re}\,(a+bi) = a$
$\mathrm{Im}\,(a+bi) = b$
$\overline{a+bi} = a - bi$
$|a+bi| = \sqrt{a^2 + b^2}$
$\bar{\alpha} + \bar{\beta} = \overline{\alpha + \beta}$
$\bar{\alpha}\,\bar{\beta} = \overline{\alpha\beta}$
$\alpha\bar{\alpha} = |\alpha|^2$
$|\alpha||\beta| = |\alpha\beta|$
$|\bar{\alpha}| = |\alpha|$
$|\alpha + \beta| \leq |\alpha| + |\beta|$
$|\alpha - \beta|$ は α と β の距離
$\arg \bar{\alpha} = -\arg \alpha$
$\arg \alpha + \arg \beta = \arg \alpha\beta$
$\arg \alpha - \arg \beta = \arg \dfrac{\alpha}{\beta}$
$\arg \alpha^n = n \arg \alpha$

放物線の頂点 (p. 54)

$y = ax^2 + bx + c = a(x+p)^2 + q$

ならば放物線の頂点は $(-p, q)$ である．

指数関数 (p. 19, 77, 78, 79, 84)

$a^0 = 1$

$\dfrac{1}{a^n} = a^{-n}, \quad \dfrac{1}{a} = a^{-1}$

$\sqrt[n]{a} = a^{\frac{1}{n}}, \quad \sqrt{a} = \sqrt[2]{a} = a^{\frac{1}{2}}$

$\sqrt[n]{a^m} = \sqrt[n]{a}^m = a^{\frac{m}{n}}$

$a^p a^q = a^{p+q}$

$\dfrac{a^p}{a^q} = a^{p-q}$

$(a^p)^q = a^{pq}$

$(ab)^p = a^p b^p$

$\left(\dfrac{a}{b}\right)^p = \dfrac{a^p}{b^p} = a^p b^{-p}$

$e^{ix} = \cos x + i \sin x$

双曲線関数 (p. 84)

$\sinh x = \dfrac{e^x - e^{-x}}{2}$

$\cosh x = \dfrac{e^x + e^{-x}}{2}$

$\tanh x = \dfrac{\sinh x}{\cosh x} = \dfrac{e^x - e^{-x}}{e^x + e^{-x}}$

$\coth x = \dfrac{1}{\tanh x} = \dfrac{e^x + e^{-x}}{e^x - e^{-x}}$

$\operatorname{sech} x = \dfrac{1}{\cosh x}$

$\operatorname{cosech} x = \dfrac{1}{\sinh x}$

$\sinh(-x) = -\sinh x$

$\cosh(-x) = \cosh x$

$\tanh(-x) = -\tanh x$

$\cosh^2 x - \sinh^2 x = 1$

$1 - \tanh^2 x = \operatorname{sech}^2 x$

$\coth^2 x - 1 = \operatorname{cosech}^2 x$

$\sinh(x+y) = \sinh x \cosh y + \cosh x \sinh y$

$\cosh(x+y) = \cosh x \cosh y + \sinh x \sinh y$

対数関数 (p. 89)

$\log_a 1 = 0$

$\log_a a = 1$

$\log_a bc = \log_a b + \log_a c$

$\log_a \dfrac{b}{c} = \log_a b - \log_a c$

$\log_a b^c = c \log_a b$

$\log_a b = \dfrac{\log_c b}{\log_c a}$

$\log_a a^b = b$

$a^{c \log_a b} = b^c$

三角関数 (p. 99, 100, 102, 104)

$\tan \theta = \dfrac{\sin \theta}{\cos \theta}$

$\cot \theta = \dfrac{1}{\tan \theta} = \dfrac{\cos \theta}{\sin \theta}$

$\sec \theta = \dfrac{1}{\cos \theta}$

$\operatorname{cosec} \theta = \dfrac{1}{\sin \theta}$

$\sin(-\theta) = -\sin \theta$

$\cos(-\theta) = \cos \theta$

$\tan(-\theta) = -\tan \theta$

$\cos^2 \theta + \sin^2 \theta = 1$

$1 + \tan^2 \theta = \sec^2 \theta$

$\cot^2 \theta + 1 = \operatorname{cosec}^2 \theta$

$\sin(x + 2\pi) = \sin x$

$\cos(x + 2\pi) = \cos x$

$\tan(x + \pi) = \tan x$

$\sin(\alpha + \beta) = \sin \alpha \cos \beta + \cos \alpha \sin \beta$

$\cos(\alpha + \beta) = \cos \alpha \cos \beta - \sin \alpha \sin \beta$

$\sin \alpha \cos \beta = \dfrac{1}{2}\{\sin(\alpha+\beta) + \sin(\alpha-\beta)\}$

$\cos \alpha \cos \beta = \dfrac{1}{2}\{\cos(\alpha+\beta) + \cos(\alpha-\beta)\}$

$\sin \alpha \sin \beta = \dfrac{1}{2}\{\cos(\alpha-\beta) - \cos(\alpha+\beta)\}$

$\sin 2\alpha = 2 \sin \alpha \cos \alpha$

$\cos 2\alpha = \cos^2 \alpha - \sin^2 \alpha = 1 - 2\sin^2 \alpha = 2\cos^2 \alpha - 1$

$\sin^2 \alpha = \dfrac{1}{2}(1 - \cos 2\alpha)$

$\cos^2 \alpha = \dfrac{1}{2}(1 + \cos 2\alpha)$

計算力が身に付く 数学基礎

佐野公朗 著

学術図書出版社

まえがき

　本書は微分と積分を学ぶ上で必要になる基礎的な事項を数学の各分野から選び，できるだけわかり易く書いた初学者用の教科書です．

　ここでは理論的な厳密さよりも計算技術とその応用について習得することを主な目的としています．そのために新しい概念を導入するときはなるべく具体例を付けて，理解を助けるように努めました．また，例題と問題を対応させて，実例を通じて計算の方法が身に付けられるように工夫しました．予備知識としてはおよそ中学卒業程度を想定していますが，中学で習う内容も一部解説してあります．この本を読み終えたら，拙著『計算力が身に付く微分積分』へ進んで下さい．

　このような説明のやり方を採用したのは，もはや従来の方法が学生にとって苦痛そのものでしかないからです．これまでの「定義・定理・証明」式の説明を理解するにはかなりの計算力と論理力そして記号に対する熟練が必要です．しかもこれらの能力を鍛えるために費やされる，時間や労力や犠牲は多大なものがあります．本書ではこのような負担をできるだけ軽くして，わかり易い解説を目指すように心掛けました．

　本書で学習される方は，まず説明を読みそれから例題に進み，それを終えたら対応する問を解いて下さい．もしも解答の方法がわからないときは，例題に戻りもう一度そこにある計算のやり方を見直して下さい．このようにして一通り問を解き終えてまだ余裕のある方は，練習問題に挑戦して下さい．各節の問題の解答は各節末に記載してあります．

　本書の内容を説明します．§0では準備として整数，等式，関数の基礎，ピタゴラスの定理について書いてあります．§1から§5ではいろいろな数や式とその計算法について説明してあります．§6から§11では様々な種類の関数とその性質について取り上げています．§12, §13では図形と式に関して平面と空間に分けて扱っています．

　本書をまとめるにあたり，多くの著書を参考にさせていただいたことをここに感謝します．学術図書出版社の発田孝夫氏には，作成にあたって多大なお世話になり深く謝意を表します．また，八戸工業大学の尾﨑康弘名誉教授には様々な御助言を頂き，ここで厚く御礼を申し上げます．

2005 年 10 月

著者

も　く　じ

§0　準　備
- 0.1　素因数分解 …………………………………………… 1
- 0.2　正の数と負の数 ……………………………………… 2
- 0.3　等式の計算 …………………………………………… 3
- 0.4　関　数 ………………………………………………… 4
- 0.5　ピタゴラスの定理 …………………………………… 6
- 　　　練習問題 0 ………………………………………… 7

§1　実数と計算
- 1.1　実数と数直線 ………………………………………… 10
- 1.2　実数の大小と不等式 ………………………………… 10
- 1.3　有理数の計算 ………………………………………… 13
- 1.4　無理数の計算 ………………………………………… 14
- 　　　練習問題 1 ………………………………………… 16

§2　整式の計算
- 2.1　単項式と多項式 ……………………………………… 18
- 2.2　整式の加法と減法 …………………………………… 18
- 2.3　整式の乗法 …………………………………………… 19
- 2.4　整式の除法 …………………………………………… 21
- 　　　練習問題 2 ………………………………………… 23

§3　整式の因数分解，いろいろな式
- 3.1　因数分解 ……………………………………………… 25
- 3.2　2次式の因数分解 …………………………………… 25
- 3.3　高次式の因数分解 …………………………………… 27
- 3.4　有理式 ………………………………………………… 28
- 3.5　無理式 ………………………………………………… 29
- 　　　練習問題 3 ………………………………………… 31

§4　方程式と不等式
- 4.1　恒等式 ………………………………………………… 33
- 4.2　1次方程式 …………………………………………… 34

  4.3 高次方程式 …………………………………………………… 35
  4.4 不　等　式 …………………………………………………… 37
     練習問題 4 …………………………………………………… 39

§5　複素数と計算
  5.1 複　素　数 …………………………………………………… 41
  5.2 複　素　平　面 ……………………………………………… 43
  5.3 複素数の図示 ………………………………………………… 45
     練習問題 5 …………………………………………………… 47

§6　関数の基礎
  6.1 関　　　数 …………………………………………………… 49
  6.2 定数関数と 1 次関数 ………………………………………… 50
  6.3 2 次 関 数 …………………………………………………… 52
     練習問題 6 …………………………………………………… 56

§7　いろいろな関数
  7.1 n 次関数（多項式）………………………………………… 61
  7.2 グラフの移動 ………………………………………………… 62
  7.3 分　数　関　数 ……………………………………………… 64
  7.4 無　理　関　数 ……………………………………………… 67
     練習問題 7 …………………………………………………… 70

§8　指　数　関　数
  8.1 指数の拡張 …………………………………………………… 77
  8.2 指　数　法　則 ……………………………………………… 79
  8.3 指　数　関　数 ……………………………………………… 81
  8.4 双曲線関数とオイラーの公式 ……………………………… 84
     練習問題 8 …………………………………………………… 85

§9　対　数　関　数
  9.1 対　　　数 …………………………………………………… 88
  9.2 対　数　法　則 ……………………………………………… 89
  9.3 対　数　関　数 ……………………………………………… 91
     練習問題 9 …………………………………………………… 95

§10　三　角　関　数
  10.1 一般角と弧度（ラジアン）………………………………… 98

  10.2 三 角 関 数 ··· 99
  10.3 三角関数の性質 ··· 101
  10.4 加 法 定 理··· 104
     練習問題 10 ··· 105

§11 逆 三 角 関 数

  11.1 合成関数と逆関数 ······································ 108
  11.2 逆 sin 関数 ··· 110
  11.3 逆 cos 関数 ··· 113
  11.4 逆 tan 関数 ··· 116
     練習問題 11 ··· 119

§12 平 面 図 形 と 式

  12.1 直 線 の 方 程 式 ··· 121
  12.2 円 の 方 程 式 ··· 124
  12.3 陰関数と媒介変数 ······································ 125
  12.4 不 等 式 と 図 形 ··· 126
     練習問題 12 ··· 128

§13 空 間 図 形 と 式

  13.1 平 面 の 方 程 式 ··· 131
  13.2 直 線 の 方 程 式 ··· 134
  13.3 球 の 方 程 式 ··· 137
     練習問題 13 ··· 138

  索   引 ··· 140
  記 号 索 引 ··· 142

§0 準　備

これから数学基礎で勉強するのに必要な予備知識を補う．ここでは準備としていくつかの基本的な公式などを取り上げる．

0.1 素因数分解

自然数の計算を考え，積を用いて自然数を分解する．

自然数を和の式で表すとすべて 1 を用いて書ける．

例 1　自然数を 1 の和で表す．

$1 = 1$
$2 = 1+1$
$3 = 1+1+1$
$4 = 1+1+1+1$
$5 = 1+1+1+1+1$

一方，自然数を積の式で表すと，どうなるだろうか．

例 2　自然数を積の式で表す．

$1 = 1,\quad 2 = 2$
$3 = 3,\quad 4 = 2^2$
$5 = 5,\quad 6 = 2\times 3$
$7 = 7,\quad 8 = 2^3$
$9 = 3^2,\quad 10 = 2\times 5$

積に分解できない自然数を**素数**という．ただし，1 は素数に含めない．自然数を素数の積で表すことを**素因数分解**という．

> **例題 0.1**　素因数分解せよ．
> (1)　18　　(2)　60

解　素数で順に割り，素因数を求める．

(1)　$18 = 2\times 3^2$

```
2) 18
3)  9
    3
```

(2)　$60 = 2^2\times 3\times 5$

```
2) 60
2) 30
3) 15
   5
```

問 0.1 素因数分解せよ．
(1) 48　　(2) 54　　(3) 56　　(4) 90

● 約分と通分

素因数分解を用いて分数を計算する．

分数で**約分**や**通分**するときは，素因数分解が役に立つ．

> **例題 0.2** 素因数分解を用いて約分や通分せよ．
> (1) $\dfrac{18}{60}$　　(2) $\dfrac{1}{2}+\dfrac{1}{4}+\dfrac{1}{6}$

解 素因数分解してから，最大公約数で約分する．また最小公倍数で通分する．

(1) $\dfrac{18}{60}=\dfrac{2\times 3^2}{2^2\times 3\times 5}=\dfrac{3}{2\times 5}=\dfrac{3}{10}$

(2) $\dfrac{1}{2}+\dfrac{1}{4}+\dfrac{1}{6}=\dfrac{1}{2}+\dfrac{1}{2^2}+\dfrac{1}{2\times 3}=\dfrac{2\times 3}{2^2\times 3}+\dfrac{3}{2^2\times 3}+\dfrac{2}{2^2\times 3}=\dfrac{6+3+2}{12}=\dfrac{11}{12}$

問 0.2 素因数分解を用いて約分や通分せよ．
(1) $\dfrac{48}{56}$　　(2) $\dfrac{90}{54}$
(3) $\dfrac{1}{4}+\dfrac{1}{6}+\dfrac{1}{9}$　　(4) $\dfrac{1}{6}+\dfrac{1}{10}+\dfrac{1}{15}$

0.2 正の数と負の数

数字の前にマイナスをつけた負の数に取り組む．

＋(**プラス**)を**正の符号**，－(**マイナス**)を**負の符号**という．マイナスのない数を**正の数**，マイナスを書いた数を**負の数**という．0と自然数とマイナスを書いた自然数をまとめて**整数**という．これらを数直線上にかくと，図0.1になる．原点Oを0にする．

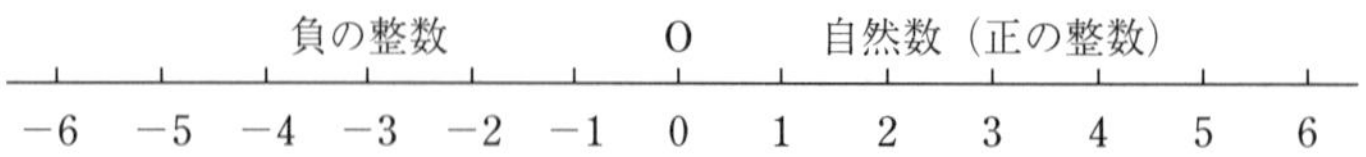

```
        負の整数         O      自然数（正の整数）
 ─┼──┼──┼──┼──┼──┼──┼──┼──┼──┼──┼──┼──┼─
 −6 −5 −4 −3 −2 −1  0  1  2  3  4  5  6
```
図 0.1 自然数と整数．

これより負の数では大小が正の数と逆になる．

例 3 負の数の大小を比べる．
$$\cdots < -5 < -4 < -3 < -2 < -1 < 0$$

● 負の数の計算

正の数や負の数の四則を考える．

負の数を含む式の計算では，まず符号の積や商を決める．

公式 0.1　符号の積と商

(1)　$(+)\times(+)=(+)$　　(2)　$(+)\div(+)=(+)$
(3)　$(-)\times(-)=(+)$　　(4)　$(-)\div(-)=(+)$
(5)　$(+)\times(-)=(-)$　　(6)　$(+)\div(-)=(-)$
(7)　$(-)\times(+)=(-)$　　(8)　$(-)\div(+)=(-)$

[解説]　同符号の積や商は正の符号（＋）になる．異符号の積や商は負の符号（−）になる．ただし，正の符号は補って計算する．

例題 0.3　公式 0.1 を用いて計算せよ．
(1)　$2-(-3)+(-4)$　　(2)　$-3\times(-4)\div(-5)$
(3)　$-4\times(2-(-3))$　　(4)　$2\times(-3)-4\times(-1)$

[解]　符号の積や商を計算して値を求める．
(1)　$2-(-3)+(-4) = 2+3-4 = 1$
(2)　$-3\times(-4)\div(-5) = -3\times 4\div 5 = -\dfrac{3\times 4}{5} = -\dfrac{12}{5}$
(3)　$-4\times(2-(-3)) = -4\times(2+3) = -4\times 5 = -20$
(4)　$2\times(-3)-4\times(-1) = -2\times 3+4\times 1 = -6+4 = -2$

問 0.3　公式 0.1 を用いて計算せよ．
(1)　$-4+(-2)-(-5)$　　(2)　$(-8)\div(-5)\div 3$
(3)　$(3+(-1))\times(-2+(-4))$　　(4)　$(-3)\times(-5)-2\times 6$

0.3　等式の計算

等式を扱うときに必要となる基本的な計算法を考える．

等式の左辺と右辺（両辺）で同じ計算をしてもやはり等式が成り立つ．

$$x = a$$
　　左辺　右辺
　　　両辺

例 4　等式を計算する．
(1)　$x=3$ ならば $x+1=4$，　$x-3=0$
(2)　$x=3$ ならば $2x=6$，　$\dfrac{x}{3}=1$

これをまとめておく．

公式 0.2　等式の性質
(1)　$a=b$　ならば　$a+c=b+c$,　$a-c=b-c$
(2)　$a=b$, $c \neq 0$　ならば　$ac=bc$,　$\dfrac{a}{c}=\dfrac{b}{c}$

[解説]　等式の両辺に同じ数字や文字をたしたり，引いたり，掛けたり，割ったりしても等式は成り立つ．

● **1次方程式**

等式の性質を用いて 1 次方程式を作ったり，解いたりする．

例5　1次方程式を作る．
$$x = 3$$
$$x - 2 = 1 \quad \text{両辺から 2 を引く．}$$
$$2x - 2 = x + 1 \quad \text{両辺に } x \text{ をたす．}$$
$$x - 1 = \dfrac{x+1}{2} \quad \text{両辺を 2 で割る．}$$

例題 0.4　公式 0.2 を用いて解け．
$$x - 1 = \dfrac{x+1}{2}$$

[解]　等式の性質を使って両辺を変形すると解が求まる．
$$x - 1 = \dfrac{x+1}{2} \quad \text{両辺に 2 を掛ける（\textbf{分母をはらう}）．}$$
$$2x - 2 = x + 1 \quad \text{両辺から } x \text{ を引く（} x \text{ を\textbf{移項}する）．}$$
$$2x - x - 2 = 1$$
$$x - 2 = 1 \quad \text{両辺に 2 をたす（2 を移項する）．}$$
$$x = 1 + 2$$
$$x = 3$$

問 0.4　公式 0.2 を用いて解け．
(1)　$x + 5 = 7$　　(2)　$2 - 3x = 8$
(3)　$5x + 2 = 2x - 1$　　(4)　$\dfrac{x-1}{2} = \dfrac{x+2}{3}$

0.4　関　数

関数の基本について説明する．

いろいろな値をとる文字 x, y などを**変数**という．変数 y が変数 x とともに変化するならば，変数 y は変数 x の**関数**という．つまり変数 x の値を 1 つ決めると，変数 y の値が 1 つ決まる．対応する変数 x と y の数値を並べると**表**になる．

例題 0.5 変数 x の関数 y の値を表に書き，式を求めよ．表は $x=0,1,2,3,4,5$ とする．

時速 $4\,\mathrm{km}$ で x 時間歩いたとき，進む距離を $y\,\mathrm{km}$ とする．

解 変数 x の各値に対応する変数 y の値を表に書く．それから式を求める．

表 0.1 時速 $4\,\mathrm{km}$ で x 時間歩いた距離 $y\,\mathrm{km}$．

x	0	1	2	3	4	5	$\cdots$
y	0	4	8	12	16	20	$\cdots$

x 時間後には $4x\,\mathrm{km}$ 進むので，関数 y を変数 x の式で表すと次のようになる．

$$y = 4x$$

問 0.5 変数 x の関数 y の値を表に書き，式を求めよ．表は $x=0,1,2,3,4,5$ とする．

(1) $1\,l$ のガソリンで $9\,\mathrm{km}$ 走る自動車が，$x\,l$ で進む距離を $y\,\mathrm{km}$ とする．

(2) 水槽に水を入れると，1 分間に $3\,\mathrm{cm}$ 水位が上がる．x 分間で上がる水位を $y\,\mathrm{cm}$ とする．

関数のグラフ

関数を図にかき表す．まず平面の座標を導入する．

平面上に直交する 2 本の数直線を引く．横軸を **x 軸**，縦軸を **y 軸**，まとめて **座標軸** という．この平面を **座標平面**（**xy 平面**）という．座標軸の交点を **原点 O** という．座標軸で分けられた平面の 4 つの部分を **象限** という（図 0.2）．

平面上の点 P から各座標軸に垂線を下ろしたとき，x 軸との交点 a を **x 座標**，y 軸との交点 b を **y 座標** という．(a,b) を点 P の **座標** といい，$\mathrm{P}(a,b)$ と書く．関数の対応する変数 x と y を点の座標 (x,y) として平面上に並べると **グラフ** になる．

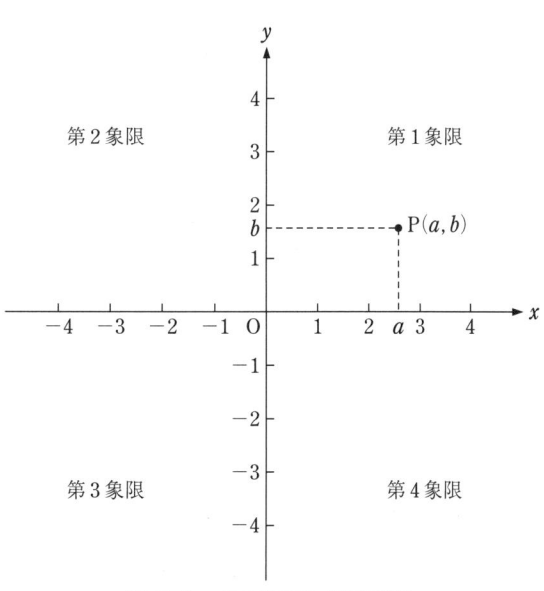

図 0.2 点の座標と座標平面．

例題 0.6 例題 0.5 の関数のグラフをかけ．

解 関数の表と式からグラフをかく．
$$y = 4x \quad (x \geqq 0)$$
変数 x が 1 だけ増えると，変数 y は 4 だけ増える．

問 0.6 問 0.5 の関数のグラフをかけ．

以上をまとめておく．

> **公式 0.3 比例とその性質**
> $$y = ax \quad (a \text{ は定数})$$
> ならば変数 y は変数 x に**比例**するといい，a を**比例定数**という．グラフは原点を通る直線になる．各点での**傾き**（変数 x が 1 だけ増えるとき，変数 y の増える量）は比例定数 a に等しくなる．

解説 関数 $y = ax$ の表やグラフからこれらの性質がわかる．

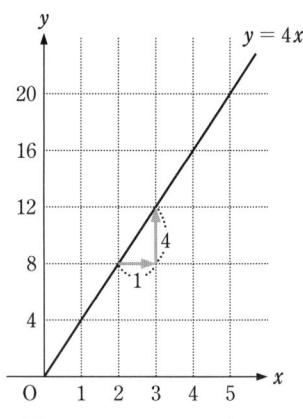

図 0.3 $y = 4x$ のグラフ．

0.5 ピタゴラスの定理

直角三角形の辺の長さに関する性質を調べる．
まず直角二等辺三角形で見ていく．

例 6 直角二等辺三角形の辺の長さを調べる．

直角二等辺三角形の各辺を $a, b, c\,(a = b)$ とする．図 0.4 より 1 辺が c の正方形の中に 4 つの直角二等辺三角形があるので，次が成り立つ．
$$c^2 = \frac{1}{2}a^2 \times 4 = 2a^2 = a^2 + b^2$$

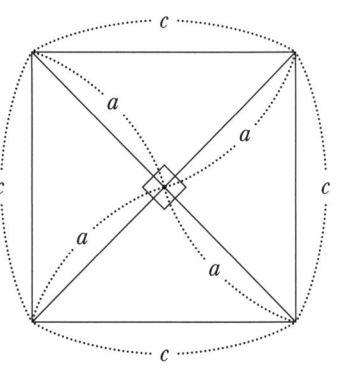

図 0.4 直角二等辺三角形とピタゴラスの定理．

一般の直角三角形では各辺を a, b, c とする．図 0.5 より 1 辺が c の正方形の中に 4 つの直角三角形と 1 辺が $(a-b)$ の正方形があるので，次が成り立つ．
$$c^2 = \frac{1}{2}ab \times 4 + (a-b)^2$$
$$= 2ab + a^2 - 2ab + b^2 = a^2 + b^2$$

これをまとめておく．

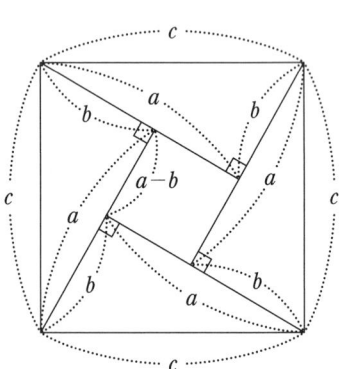

図 0.5 直角三角形とピタゴラスの定理．

> **公式 0.4 ピタゴラスの定理，三平方の定理**
> 直角三角形の直角をはさむ 2 辺を a, b とし，斜辺を c とする．このとき次が成り立つ．
> $$a^2 + b^2 = c^2$$

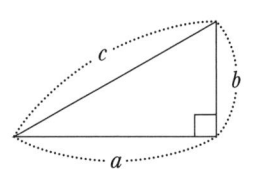

図 0.6 直角三角形．

解説 直角三角形の 3 辺の長さはこの式で結びついている．2 辺から残りの 1 辺の長さが求まる．

例題 0.7 公式 0.4 を用いて長さ x の値を求めよ．

(1)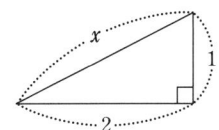

図 0.7 直角三角形の斜辺の長さ．

(2) 正三角形の高さ x．
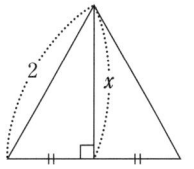

図 0.8 正三角形の高さ．

解 直角三角形の 2 辺から残りの 1 辺の長さを計算する．

(1) $2^2+1^2=x^2$ より $x=\sqrt{2^2+1^2}=\sqrt{4+1}=\sqrt{5}$

(2) $1^2+x^2=2^2$ より $x=\sqrt{2^2-1^2}=\sqrt{4-1}=\sqrt{3}$

問 0.7 公式 0.4 を用いて長さ x の値を求めよ．

(1) 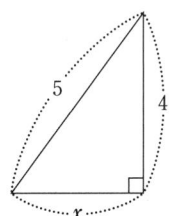 (2) 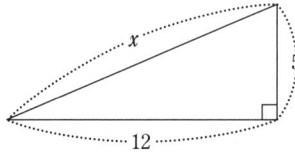 (3) 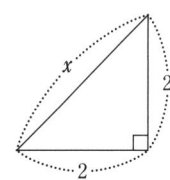 (4)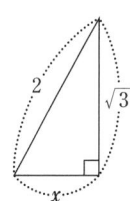

練習問題 0

1. 素因数分解せよ．
   (1) 72   (2) 91   (3) 96   (4) 108   (5) 144
   (6) 210

2. 素因数分解を用いて約分や通分せよ．
   (1) $\dfrac{72}{108}$ (2) $\dfrac{144}{96}$ (3) $\dfrac{1}{3}+\dfrac{1}{4}+\dfrac{1}{5}$ (4) $\dfrac{1}{6}+\dfrac{1}{15}+\dfrac{1}{35}$

3. 公式 0.1 を用いて計算せよ．
   (1) $\dfrac{1}{-2}-\dfrac{-1}{3}-\dfrac{1}{4}$ (2) $-\dfrac{3}{2}\div\dfrac{5}{4}\times\left(-\dfrac{5}{6}\right)$
   (3) $\dfrac{-1}{3}\div\left(-\dfrac{3}{4}-\dfrac{5}{-2}\right)$ (4) $\dfrac{1}{2}\div\left(-\dfrac{1}{3}\right)+\left(-\dfrac{1}{4}\right)\div\dfrac{3}{5}$

4. 公式 0.2 を用いて解け．

(1) $2(x-1)+3=5$ (2) $3x-2(1-x)=-7$

(3) $\dfrac{x}{2}+\dfrac{1}{8}=\dfrac{x}{4}$ (4) $\dfrac{x+1}{3}-\dfrac{x-1}{2}=\dfrac{1}{6}$

(5) $0.5x+0.4=0.3x$ (6) $0.3(x-3)+0.2(1-x)=0.5$

5. 変数 x の関数 y の値を表に書き，式を求めよ．表は $x=0,1,2,3,4,5$ とする．

(1) 1ヶ月で 5 t の原料を消費する工場が，x ヶ月で消費する原料を y t とする．

(2) 1日で 10 秒遅れる時計が，x 日で遅れる時間を y 秒とする．

6. 問題 5 の関数のグラフをかけ．

7. 公式 0.4 を用いて長さ x の値を求めよ．

(1) O を中心とする円の半径 x． (2) 円錐の高さ x．

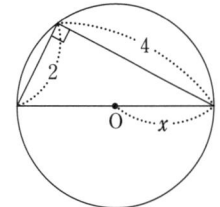 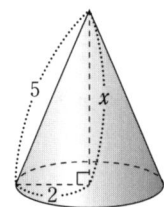

(3) 立方体で線分 AG の長さ x． (4) 正四面体の高さ x．

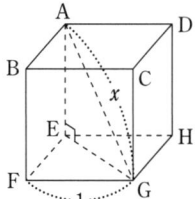 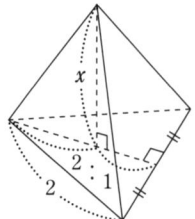

解答

問 0.1 (1) $2^4 \times 3$ (2) 2×3^3 (3) $2^3 \times 7$ (4) $2 \times 3^2 \times 5$

問 0.2 (1) $\dfrac{6}{7}$ (2) $\dfrac{5}{3}$ (3) $\dfrac{19}{36}$ (4) $\dfrac{1}{3}$

問 0.3 (1) -1 (2) $\dfrac{8}{15}$ (3) -12 (4) 3

問 0.4 (1) 2 (2) -2 (3) -1 (4) 7

問 0.5 y の値のみ記す．

(1) $y=0,\ 9,\ 18,\ 27,\ 36,\ 45,\quad y=9x$

(2) $y=0,\ 3,\ 6,\ 9,\ 12,\ 15,\quad y=3x$

問 0.6 (1) 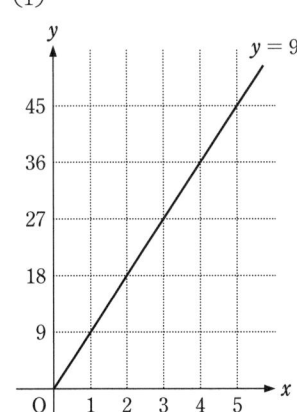 (2)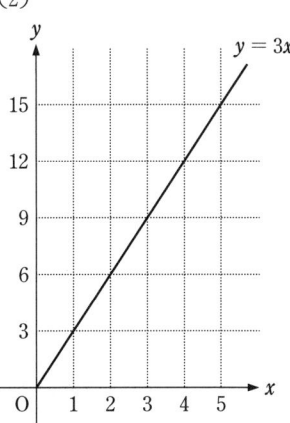

問 0.7 (1) 3 (2) 13 (3) $2\sqrt{2}$ (4) 1

練習問題 0

1. (1) $2^3 \times 3^2$ (2) 7×13 (3) $2^5 \times 3$ (4) $2^2 \times 3^3$
  (5) $2^4 \times 3^2$ (6) $2 \times 3 \times 5 \times 7$

2. (1) $\dfrac{2}{3}$ (2) $\dfrac{3}{2}$ (3) $\dfrac{47}{60}$ (4) $\dfrac{11}{42}$

3. (1) $-\dfrac{5}{12}$ (2) 1 (3) $-\dfrac{4}{21}$ (4) $-\dfrac{23}{12}$

4. (1) 2 (2) -1 (3) $-\dfrac{1}{2}$ (4) 4 (5) -2
  (6) 12

5. y の値のみ記す．
  (1) $y = 0,\ 5,\ 10,\ 15,\ 20,\ 25,$ $y = 5x$
  (2) $y = 0,\ 10,\ 20,\ 30,\ 40,\ 50,$ $y = 10x$

6. (1) 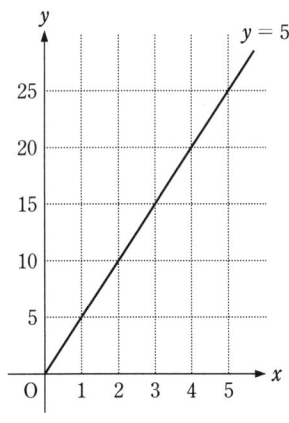 (2)

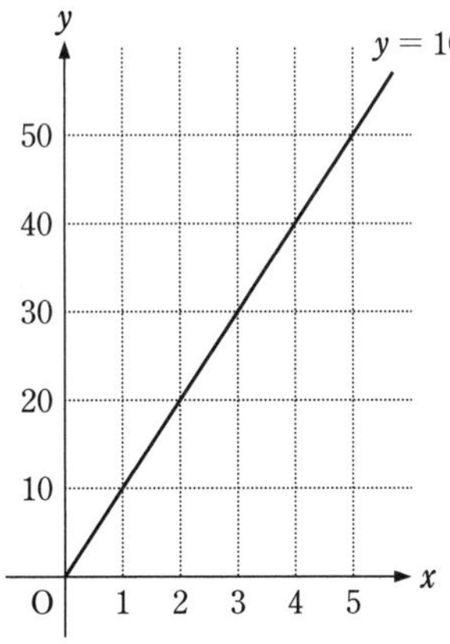

7. (1) $\sqrt{5}$ (2) $\sqrt{21}$ (3) $\sqrt{3}$ (4) $2\sqrt{\dfrac{2}{3}}$

§1 実数と計算

普通は数といえば実数を指すことが多い．ここではこの最も基本的な実数について調べ，区間や絶対値を導入する．また実数の一種である有理数や無理数を計算する．

1.1 実数と数直線

実数とは何か見ていく．

すべての**実数**は1本の直線上に並ぶ．これを**数直線**という．原点Oを0にする．数直線の右端を$(+)\infty$，左端を$-\infty$と書き，無限大という．

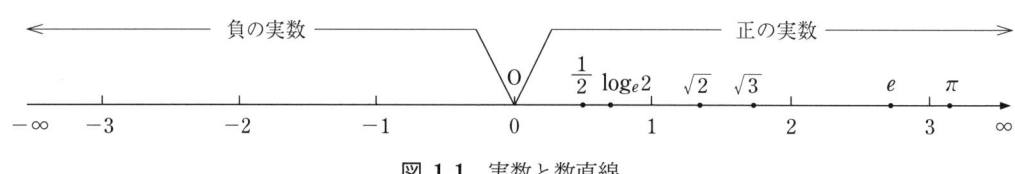

図 1.1 実数と数直線．

● 実数の分類

実数にもいろいろな種類がある．主な実数の分類をここに書く．

$$\text{複素数} \begin{cases} \text{実数} \begin{cases} \text{有理数} \begin{cases} \text{整数} \begin{cases} \text{正の整数（自然数）} 1, 2, 3, \cdots \\ 0\text{（零，ゼロ）} \\ \text{負の整数} -1, -2, -3, \cdots \end{cases} \\ \text{分数} \dfrac{1}{2}, \dfrac{1}{3}, \dfrac{1}{4}, \cdots \begin{cases} \text{有限小数} \left(\dfrac{1}{4} = 0.25\right) \\ \text{循環小数} \left(\dfrac{1}{3} = 0.33\cdots\right) \end{cases} \end{cases} \\ \text{無理数} \begin{cases} \text{代数的数} \sqrt{2}, \sqrt{3}, \sqrt[3]{4}, \cdots \\ \text{超越数} e, \pi, \log_e 2, \cdots \end{cases} \Bigg\} \text{循環しない小数} \begin{array}{l}(\sqrt{3} = 1.73\cdots) \\ (\pi = 3.14\cdots)\end{array} \end{cases} \\ \text{虚数} i, 2i, 1+2i, 3+4i, \cdots \text{ 虚数単位 } i\,(i^2 = -1)\text{を含む数} \end{cases}$$

1.2 実数の大小と不等式

不等号を使って実数の大小を調べる．

2つの実数a, bは大小を比較できる．$a < b$か$a = b$か$a > b$のどれか1つが成り立つ．数直線上では左から右へ小さい順に実数が並ぶ．

$$\cdots < -3 < -2 < -1 < 0 < \frac{1}{2} < \log_e 2 < 1 < \sqrt{2} < \sqrt{3} < 2 < e < 3 < \pi < \cdots$$

● いろいろな区間

実数を用いて区間を導入する．

2つの実数 $a, b\,(a < b)$ にはさまれた範囲を **区間** という．端点 a, b を両方とも含むならば **閉区間**，どちらも含まないならば **開区間** という．端点を片方だけ含むならば **右（左）半開区間** という．

例1　いろいろな区間を見ていく．
(1) $a \leqq x \leqq b$ 　閉区間
(2) $a < x < b$ 　開区間
(3) $a \leqq x < b$ 　右半開区間
(4) $a < x \leqq b$ 　左半開区間

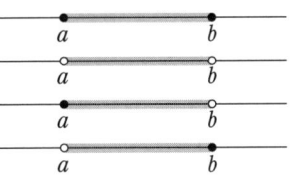

図 1.2 　いろいろな区間．
　● は区間に含まれる．
　○ は区間に含まれない．

片側または両側が無限に延びている場合も区間として表す．

例2　いろいろな無限区間を見ていく．
(1) $a \leqq x$ 　または　 $a \leqq x < \infty$
(2) $a < x$ 　または　 $a < x < \infty$
(3) $x \leqq b$ 　または　 $-\infty < x \leqq b$
(4) $x < b$ 　または　 $-\infty < x < b$
(5) $-\infty < x < \infty$ 　すべての実数（数直線）

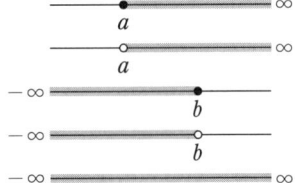

図 1.3 　いろいろな無限区間．

● 絶対値

正と負の実数を用いて絶対値を導入する．

実数 a から符号を取り除いて正の数に直す．これを a の **絶対値** といい，$|a|$ と書く．次のように計算する．

> **公式 1.1 　実数の絶対値**
> (1) $a \geqq 0$ 　ならば　 $|a| = a$
> (2) $a < 0$ 　ならば　 $|a| = -a$

[解説]　0 や正の数はそのまま，負の数は (-1) を掛ける．

> **例題 1.1** 　公式 1.1 を用いて値を求めよ．
> (1) $|0|$　　(2) $|1|$　　(3) $\left|\dfrac{1}{2}\right|$　　(4) $|\sqrt{3}|$
> (5) $|-1|$　　(6) $\left|-\dfrac{1}{3}\right|$　　(7) $|-\sqrt{5}|$　　(8) $|1-\sqrt{2}|$

解 0や正の数はそのまま，負の数はマイナスを取り除く．

(1) $|0| = 0$　　(2) $|1| = 1$　　(3) $\left|\dfrac{1}{2}\right| = \dfrac{1}{2}$

(4) $|\sqrt{3}| = \sqrt{3}$　　(5) $|-1| = 1$　　(6) $\left|-\dfrac{1}{3}\right| = \dfrac{1}{3}$

(7) $|-\sqrt{5}| = \sqrt{5}$　　(8) $1 < \sqrt{2}$ より $|1-\sqrt{2}| = -(1-\sqrt{2}) = \sqrt{2}-1$ ∎

問 1.1 公式 1.1 を用いて値を求めよ．
　(1) $|1-2|-4$　　(2) $|1-\sqrt{3}|-|\sqrt{3}-2|$

絶対値は数直線で見ると原点 O からの**距離**を表す．また，2 つの実数 a, b に対して $|a-b|$ は a と b の距離を表す．

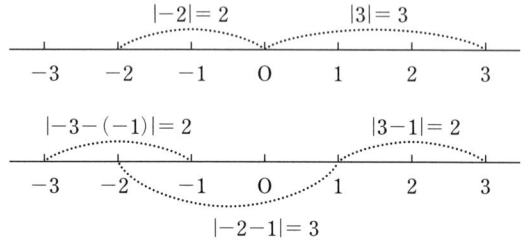

図 1.4　絶対値と距離．

例題 1.2　図を用いて絶対値で表された範囲を求めよ．
　(1) $|x| < 1$　　(2) $|x+1| \geqq 2$

解 実数の距離を用いて範囲を求める．

(1) $|x| = |x-0| < 1$

　実数 x と 0 の距離が 1 より小さいので図 1.5 より
$$-1 < x < 1$$

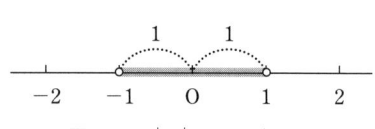

図 1.5　$|x| < 1$ の範囲．

(2) $|x+1| = |x-(-1)| \geqq 2$

　実数 x と -1 の距離が 2 以上なので図 1.6 より
$$x \leqq -3,\ 1 \leqq x$$

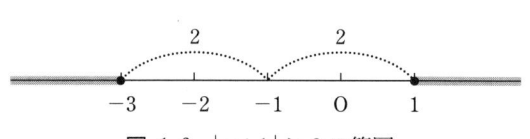

図 1.6　$|x+1| \geqq 2$ の範囲．

問 1.2 図を用いて絶対値で表された範囲を求めよ．
　(1) $|x| > 2$　　(2) $|x-1| \leqq 3$

[注意] $|x| < a$ ならば $-a < x < a$ となる（図 1.7）．$|x| > a$ ならば $x < -a$, $a < x$ となる（図 1.8）．

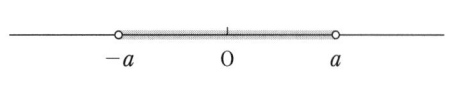
図 1.7　$|x| < a$ の範囲．

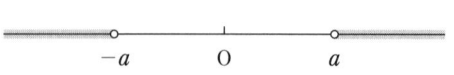
図 1.8　$|x| > a$ の範囲．

1.3 有理数の計算

2つの整数を分母と分子に並べて**分数**という．整数と分数をまとめて**有理数**という．

分数の計算についてまとめておく．

公式 1.2　分数の性質

(1) $a \div b = q$　余り r ならば　$\dfrac{a}{b} = \dfrac{b \times q + r}{b} = q + \dfrac{r}{b}$

(2) $\dfrac{a}{b} + \dfrac{c}{d} = \dfrac{ad}{bd} + \dfrac{bc}{bd}$　　(3) $\dfrac{a}{b} \times \dfrac{c}{d} = \dfrac{ac}{bd}$

(4) $\dfrac{ac}{bc} = \dfrac{a}{b}$, $\dfrac{\frac{a}{d}}{\frac{b}{d}} = \dfrac{a}{b}$　　(5) $\dfrac{\frac{a}{b}}{\frac{c}{d}} = \dfrac{a}{b} \div \dfrac{c}{d} = \dfrac{a}{b} \times \dfrac{d}{c} = \dfrac{ad}{bc}$

[解説]　(1) では仮分数を帯分数に直す．(2) は通分，(3) は分数の積，(4) は約分，(5) は分数の商である．

例 3　分数の性質を調べる．

(1) $7 \div 2 = 3$　余り　1　　$\dfrac{7}{2} = \dfrac{2 \times 3 + 1}{2} = 3 + \dfrac{1}{2}$

(2) $\dfrac{1}{2} + \dfrac{2}{3} = \dfrac{1 \times 3}{2 \times 3} + \dfrac{2 \times 2}{2 \times 3} = \dfrac{7}{6}$　　(3) $\dfrac{1}{2} \times \dfrac{5}{3} = \dfrac{1 \times 5}{2 \times 3} = \dfrac{5}{6}$

(4) $\dfrac{12}{8} = \dfrac{3}{2}$, $\dfrac{\frac{3}{5}}{\frac{2}{5}} = \dfrac{3}{2}$　　(5) $\dfrac{\frac{1}{2}}{\frac{4}{3}} = \dfrac{1}{2} \times \dfrac{3}{4} = \dfrac{3}{8}$

例題 1.3　公式 1.2 を用いて値を求めよ．

(1) $\dfrac{\frac{2}{3} + 1}{2 - \frac{3}{4}}$　　(2) $\dfrac{1}{1 + \dfrac{1}{2 + \frac{1}{3}}}$

[解]　通分や約分などを用いる．

(1) $\dfrac{\frac{2}{3} + 1}{2 - \frac{3}{4}} = \dfrac{\frac{2+3}{3}}{\frac{8-3}{4}} = \dfrac{5}{3} \times \dfrac{4}{5} = \dfrac{4}{3}$

(2) $\dfrac{1}{1 + \dfrac{1}{2 + \frac{1}{3}}} = \dfrac{1}{1 + \dfrac{1}{\frac{6+1}{3}}} = \dfrac{1}{1 + \dfrac{3}{7}} = \dfrac{1}{\frac{7+3}{7}} = \dfrac{7}{10}$

問 1.3 公式 1.2 を用いて値を求めよ.

(1) $\dfrac{\frac{1}{3}+2}{\frac{2}{3}-1}$ (2) $\dfrac{\frac{3}{2}-\frac{4}{3}}{\frac{2}{3}+\frac{5}{2}}$ (3) $\dfrac{1}{1+\frac{1}{3+\frac{1}{5}}}$ (4) $\dfrac{1}{2+\frac{1}{4+\frac{1}{6}}}$

1.4 無理数の計算

有理数以外の実数を**無理数**という.

根号 $\sqrt[n]{}$ の使い方を中心に見ていく. n を正の整数とするとき, n 乗して a になる数を a の **n 乗根**（累乗根）という. これは虚数まで含めると n 個ある. 2 乗根を平方根, 3 乗根を立方根という.

例 4 n 乗根を求める.

(1) 9 の平方根は ± 3.

(2) -4 の平方根は $\pm 2i$.

(3) 8 の立方根は $2, \ -1 \pm \sqrt{3}i$.

(4) -1 の立方根は $-1, \ \dfrac{1 \pm \sqrt{3}i}{2}$.

(5) 16 の 4 乗根は $\pm 2, \ \pm 2i$.

(6) -81 の 4 乗根は $\dfrac{3}{\sqrt{2}}(1 \pm i), \ \dfrac{3}{\sqrt{2}}(-1 \pm i)$

● **n 乗根の意味と記号**

根号を導入する.

n が奇数ならば実数 a の実数である n 乗根を $\sqrt[n]{a}$ と書く. n が偶数ならば正の数 a の実数である n 乗根は 2 つあるので, 正の数を $\sqrt[n]{a}$ と書くと負の数は $-\sqrt[n]{a}$ となる. 負の数 a の偶数乗根 $\sqrt{a}, \sqrt[4]{a}, \sqrt[6]{a}, \cdots$ は実数でない. $\sqrt[n]{0} = 0$ とし, $\sqrt[2]{a}$ を $\sqrt{a}$ と書く.

根号 $\sqrt[n]{a}$ $\begin{cases} n \text{ が奇数ならば実数 } a \text{ の実 } n \text{ 乗根} \quad \sqrt[3]{-1} = -1, \ \sqrt[3]{8} = 2 \\ n \text{ が偶数ならば} \begin{cases} \text{正の数 } a \text{ の正の実 } n \text{ 乗根} \quad \sqrt{9} = 3, \ \sqrt[4]{16} = 2 \\ \text{負の数 } a \text{ の実 } n \text{ 乗根はなし} \end{cases} \end{cases}$

例 5 $\sqrt[n]{a}$ を求める.

(1) $\sqrt{9} = 3$ (2) $\sqrt[3]{8} = 2$ (3) $\sqrt[3]{-1} = -1$ (4) $\sqrt[4]{16} = 2$

根号の計算についてまとめておく.

公式 1.3 根号の性質

$a \geqq 0, \ b \geqq 0$ ならば

(1) $\sqrt[n]{0} = 0$ (2) $\sqrt[n]{1} = 1$

(3) $\sqrt[n]{ab} = \sqrt[n]{a}\sqrt[n]{b}$ (4) $\sqrt[n]{\dfrac{a}{b}} = \dfrac{\sqrt[n]{a}}{\sqrt[n]{b}}$

(5) $\sqrt[n]{a^n} = \sqrt[n]{a}^n = a$ (6) $\sqrt[n]{a^m} = \sqrt[n]{a}^m$

(7) $\sqrt[mn]{a} = \sqrt[m]{\sqrt[n]{a}} = \sqrt[n]{\sqrt[m]{a}}$ (8) $\sqrt[m]{a} = \sqrt[mn]{a^n} = \sqrt[mn]{a}^n$

解説 (1) では 0 の n 乗根は 0 である．(2) では 1 の正の実数である n 乗根は 1 である．(3),(4) では積や商で根号をまとめたり分けたりする．(5) では n 乗と n 乗根が打ち消し合う．(6) では指数を根号から出し入れする．(7) では根号をまとめたり重ねたりする．(8) では (5) と (7) を組み合わせる．

注意 $a < 0$ ならば $\sqrt{a^2} = |a|$ となる．たとえば，$\sqrt{(-1)^2} = \sqrt{1} = 1$．

例6 根号の性質を調べる．

(1) $\sqrt{18} = \sqrt{9}\sqrt{2} = 3\sqrt{2},$ $\sqrt[3]{40} = \sqrt[3]{8}\sqrt[3]{5} = 2\sqrt[3]{5}$

(2) $\sqrt{\dfrac{9}{2}} = \dfrac{\sqrt{9}}{\sqrt{2}} = \dfrac{3}{\sqrt{2}},$ $\sqrt[4]{\dfrac{5}{16}} = \dfrac{\sqrt[4]{5}}{\sqrt[4]{16}} = \dfrac{\sqrt[4]{5}}{2}$

(3) $\sqrt{4} = \sqrt{2^2} = \sqrt{2}^2 = 2,$ $\sqrt[4]{81} = \sqrt[4]{3^4} = \sqrt[4]{3}^4 = 3$

(4) $\sqrt{27} = \sqrt{3^3} = 3\sqrt{3},$ $\sqrt[3]{32} = \sqrt[3]{2^5} = 2\sqrt[3]{4}$

(5) $\sqrt[4]{9} = \sqrt{\sqrt{9}} = \sqrt{3},$ $\sqrt[6]{8} = \sqrt{\sqrt[3]{8}} = \sqrt{2}$

(6) $\sqrt{2} = \sqrt{\sqrt{2^2}} = \sqrt[4]{4},$ $\sqrt[3]{4} = \sqrt[3]{\sqrt{4^2}} = \sqrt[6]{16}$

例題 1.4 公式 1.3 を用いて値を求めよ．

(1) $\sqrt{45} - \sqrt{20}$ (2) $\sqrt[3]{16} + \sqrt[3]{54}$ (3) $\sqrt{2}\sqrt{10}$

(4) $\dfrac{\sqrt[3]{12}}{\sqrt[3]{3}}$ (5) $(\sqrt{2}+\sqrt{3})\sqrt{6}$ (6) $(\sqrt[4]{4}+\sqrt[4]{27})\sqrt[4]{12}$

(7) $\sqrt[3]{\sqrt{27}}$ (8) $\sqrt{2}\sqrt[3]{3}$ を 1 つの根号にまとめよ．

解 根号の中の整数を素因数分解する．

(1) $\sqrt{45} - \sqrt{20} = \sqrt{3^2}\sqrt{5} - \sqrt{2^2}\sqrt{5} = 3\sqrt{5} - 2\sqrt{5} = \sqrt{5}$

(2) $\sqrt[3]{16} + \sqrt[3]{54} = \sqrt[3]{2^4} + \sqrt[3]{3^3}\sqrt[3]{2} = 2\sqrt[3]{2} + 3\sqrt[3]{2} = 5\sqrt[3]{2}$

(3) $\sqrt{2}\sqrt{10} = \sqrt{2}\sqrt{2}\sqrt{5} = 2\sqrt{5}$

(4) $\dfrac{\sqrt[3]{12}}{\sqrt[3]{3}} = \dfrac{\sqrt[3]{3}\sqrt[3]{4}}{\sqrt[3]{3}} = \sqrt[3]{4}$

(5) $(\sqrt{2}+\sqrt{3})\sqrt{6} = (\sqrt{2}+\sqrt{3})\sqrt{2}\sqrt{3} = 2\sqrt{3} + 3\sqrt{2}$

(6) $(\sqrt[4]{4}+\sqrt[4]{27})\sqrt[4]{12} = (\sqrt[4]{2^2}+\sqrt[4]{3^3})\sqrt[4]{2^2}\sqrt[4]{3} = 2\sqrt[4]{3} + 3\sqrt[4]{4}$

(7) $\sqrt[3]{\sqrt{27}} = \sqrt[3]{\sqrt{3}^3} = \sqrt{3}$

(8) $\sqrt{2}\sqrt[3]{3} = \sqrt[6]{2^3}\sqrt[6]{3^2} = \sqrt[6]{8}\sqrt[6]{9} = \sqrt[6]{72}$

問 1.4 公式 1.3 を用いて値を求めよ．

(1) $\sqrt{108} - \sqrt{75} + \sqrt{48}$ (2) $\dfrac{\sqrt{18}}{\sqrt{32}}$

(3) $(\sqrt{5} - \sqrt{3})^2$ (4) $\sqrt{\sqrt[3]{64}}$

● 分母の有理化

根号が分母にある式を変形する．

分母にある根号をなくすことを分母の**有理化**という．

例題 1.5 分母を有理化せよ．

(1) $\dfrac{1}{\sqrt{2}}$ (2) $\dfrac{2}{\sqrt{3}+1}$

解 分母が $\sqrt{a}$ ならば $\sqrt{a}$ を分母と分子に掛ける．$\sqrt{a}+b$ ならば $\sqrt{a}-b$ を掛ける．

(1) $\dfrac{1}{\sqrt{2}} = \dfrac{\sqrt{2}}{\sqrt{2}\sqrt{2}} = \dfrac{\sqrt{2}}{2}$

(2) $\dfrac{2}{\sqrt{3}+1} = \dfrac{2(\sqrt{3}-1)}{(\sqrt{3}+1)(\sqrt{3}-1)} = \dfrac{2(\sqrt{3}-1)}{3-1} = \sqrt{3}-1$

問 1.5 分母を有理化せよ．

(1) $\dfrac{\sqrt{2}-\sqrt{3}}{\sqrt{5}}$ (2) $\dfrac{\sqrt{3}+\sqrt{2}}{\sqrt{3}-\sqrt{2}}$

練習問題 1

1. 公式 1.1 を用いて値を求めよ．

(1) $3 - |2-6|$ (2) $|\sqrt{5}-2| + |\sqrt{5}-3|$

2. 図を用いて絶対値で表された範囲を求めよ．

(1) $|x+2| \leqq 0$ (2) $|x-2| > 0$

3. 公式 1.2 を用いて値を求めよ．

(1) $\dfrac{\dfrac{1}{2} - \dfrac{2}{3}}{\dfrac{4}{5} + \dfrac{3}{2}}$ (2) $\dfrac{\dfrac{2}{3} + \dfrac{1}{5}}{\dfrac{3}{4} - \dfrac{1}{3}}$

(3) $\dfrac{1}{1 - \dfrac{1}{3 - \dfrac{1}{5}}}$ (4) $\dfrac{1}{2 - \dfrac{1}{4 - \dfrac{1}{6}}}$

4. 公式 1.3 を用いて値を求めよ．
   (1) $\sqrt[3]{24}+\sqrt[3]{81}-\sqrt[3]{192}$ (2) $\sqrt[3]{12}\sqrt[3]{18}$
   (3) $(\sqrt{2}+2\sqrt{3})(\sqrt{2}-\sqrt{3})$ (4) $\sqrt[3]{2}\sqrt{3}$ を 1 つの根号にまとめよ．

5. 分母を有理化せよ．
   (1) $\dfrac{7}{\sqrt{2}+3}$ (2) $\dfrac{1}{1+\sqrt{2}+\sqrt{3}}$ （分母を 2 回有理化）

解答

問 1.1 (1) -3 (2) $2\sqrt{3}-3$

問 1.2 (1) $x<-2,\ 2<x$ (2) $-2\leqq x\leqq 4$

問 1.3 (1) -7 (2) $\dfrac{1}{19}$ (3) $\dfrac{16}{21}$ (4) $\dfrac{25}{56}$

問 1.4 (1) $5\sqrt{3}$ (2) $\dfrac{3}{4}$ (3) $8-2\sqrt{15}$ (4) 2

問 1.5 (1) $\dfrac{\sqrt{10}-\sqrt{15}}{5}$ (2) $5+2\sqrt{6}$

練習問題 1

1. (1) -1 (2) 1
2. (1) $x=-2$ (2) $x<2,\ 2<x$ または $x\neq 2$
3. (1) $-\dfrac{5}{69}$ (2) $\dfrac{52}{25}$ (3) $\dfrac{14}{9}$ (4) $\dfrac{23}{40}$
4. (1) $\sqrt[3]{3}$ (2) 6 (3) $\sqrt{6}-4$ (4) $\sqrt[6]{108}$
5. (1) $3-\sqrt{2}$ (2) $\dfrac{2+\sqrt{2}-\sqrt{6}}{4}$

§2 整式の計算

簡単な文字式といえば整式または多項式を指すことが多い．ここでは最も基本的な文字式である整式について調べ，整式の四則を計算する．

2.1 単項式と多項式

整式の各部分を見ていく．

文字式を和の形に表したとき，＋（プラス）や－（マイナス）で結ばれた式の各部分を**項**という．各項が数字や文字の積で表されるならば，**多項式**または**整式**という．項の数が 1 つならば単項式という．ある項が k 個の文字を含むならば k 次といい，整式が最高で n 次の項を含むならば n 次という．これらを**次数**という．

例 1 整式の項と次数を求める．

(1) 単項式

$$f = \underset{\text{項}}{3x^4y^3}$$

x の 4 次式，y の 3 次式

(2) 多項式

$$g = \underset{\text{項}}{2x^3y^4} + \underset{\text{項}}{3ax^2y^5} - \underset{\text{項}}{5bxy} + \underset{\text{項}}{4cx} - \underset{\text{項}}{6d}$$

x の 3 次式，y の 5 次式

ある文字に注目したとき，その文字以外の部分を**係数**という．係数だけの項を定数項という．

例 2 整式の項と係数を求める．

(1) x に関して

$$f = \underset{\text{係数}}{3x^4y^3},\ g = \underset{\text{係数}}{2x^3}y^4 + \underset{\text{係数}}{3a}x^2y^5 - \underset{\text{係}}{5by}x + \underset{\text{係数}}{4c}x - \underset{\text{定数項}}{6d}$$

(2) y に関して

$$f = \underset{\text{係数}}{3x^4}y^3,\ g = \underset{\text{係数}}{2x^3}y^4 + \underset{\text{係数}}{3ax^2}y^5 - \underset{\text{係数}}{5bx}y + \underset{\text{定数項}}{4cx} - \underset{\text{定数項}}{6d}$$

2.2 整式の加法と減法

整式をたしたり，引いたりして和や差を求める．

整式の和や差を求めるには同じ次数の項（同類項）をまとめて整理する．

例題 2.1 同類項をまとめて整理せよ．

(1) $(x^2+2x+1)+(2x^2-3x-4)$

(2) $(3x^2+3xy-y^2)-(x^2-xy+2y^2)$

(3) $(x^3+2x-1)-(x^4-3x^2-3)$

解 同じ次数の項をまとめる．縦書きの計算を右側に記す．

(1) $(x^2+2x+1)+(2x^2-3x-4)$
$= x^2+2x^2+2x-3x+1-4$
$= 3x^2-x-3$

$$\begin{array}{r} x^2+2x+1 \\ +)\ 2x^2-3x-4 \\ \hline 3x^2-\ x-3 \end{array}$$

次数をそろえて並べ計算する．

(2) $(3x^2+3xy-y^2)-(x^2-xy+2y^2)$
$= 3x^2-x^2+3xy+xy-y^2-2y^2$
$= 2x^2+4xy-3y^2$

$$\begin{array}{r} 3x^2+3xy-\ y^2 \\ -)\ x^2-\ xy+2y^2 \\ \hline 2x^2+4xy-3y^2 \end{array}$$

(3) $(x^3+2x-1)-(x^4-3x^2-3)$
$= -x^4+x^3+3x^2+2x-1+3$
$= -x^4+x^3+3x^2+2x+2$

$$\begin{array}{r} x^3\qquad +2x-1 \\ -)\ x^4\quad -3x^2\qquad -3 \\ \hline -x^4+x^3+3x^2+2x+2 \end{array}$$

x^n が抜けている場合はあけておく．

問 2.1 同類項をまとめて整理せよ．

(1) $(5x^2+6x+3)+(2x^2-4x-4)$

(2) $(2x^3+x^2-x+3)-(3x^3-2x^2+5x-4)$

2.3 整式の乗法

整式を掛けて積を求める．

文字 a を n 個掛けて a^n と書く．肩の数字 n を **指数** という．まず指数と積の関係を見る．

例 3 指数を計算する．

(1) $a^2 a^3 = (aa)(aaa) = a^5$

(2) $(a^2)^3 = (aa)(aa)(aa) = a^6$

(3) $(ab)^3 = (ab)(ab)(ab) = a^3 b^3$

整式の積を求める（**展開**する）には指数法則と分配法則を用いる．

公式 2.1 指数法則と分配法則

(1) $a^m a^n = a^{m+n}$ (2) $(a^m)^n = a^{mn}$

(3) $(ab)^n = a^n b^n$ (4) $(a+b)c = ac+bc$

(5) $a(b+c) = ab+ac$

解説 (1)では掛けると指数の和になる．(2)では指数を重ねると指数の積になる．(3)では積で n 乗をまとめたり，分けたりする．(4)，(5)は分配法則である．

[注意] 指数法則は正しく使う．
$$a^6 \neq a^2 a^3 = a^5$$

例題 2.2 公式 2.1 を用いて展開せよ．
(1) $(2x+y)(3x-2y)$ (2) $(x^2-2x-1)(x-1)$

[解] 整式の積を計算する．縦書きの計算を右側に記す．

(1) $(2x+y)(3x-2y)$
$= (2x+y)3x + (2x+y)(-2y)$
$= 6x^2 + 3xy - 4xy - 2y^2$
$= 6x^2 - xy - 2y^2$

$$\begin{array}{r} 2x + y \\ \times)\ 3x - 2y \\ \hline 6x^2 + 3xy \quad \leftarrow (2x+y) \times 3x \\ -4xy - 2y^2 \leftarrow (2x+y) \times (-2y) \\ \hline 6x^2 - xy - 2y^2 \end{array}$$

(2) $(x^2-2x-1)(x-1)$
$= (x^2-2x-1)x + (x^2-2x-1)(-1)$
$= x^3 - 2x^2 - x - x^2 + 2x + 1$
$= x^3 - 3x^2 + x + 1$

$$\begin{array}{r} x^2 - 2x - 1 \\ \times)\quad x - 1 \\ \hline x^3 - 2x^2 - x \quad \leftarrow (x^2-2x-1) \times x \\ -x^2 + 2x + 1 \leftarrow (x^2-2x-1) \times (-1) \\ \hline x^3 - 3x^2 + x + 1 \end{array}$$

問 2.2 公式 2.1 を用いて展開せよ．
(1) $(x^2 - xy + y^2)y^2$ (2) $(x+5)(2x-3)$
(3) $(5x-4y)(3x+2y)$ (4) $(x^2+x-2)(x+6)$

● 展開公式

特殊な形をした式を展開する．

次の場合は展開の結果がよく知られている．

公式 2.2 展開公式
(1) $(a+b)^2 = a^2 + 2ab + b^2$
(2) $(a-b)^2 = a^2 - 2ab + b^2$
(3) $(a+b)(a-b) = a^2 - b^2$
(4) $(x+a)(x+b) = x^2 + (a+b)x + ab$
(5) $(ax+b)(cx+d) = acx^2 + (ad+bc)x + bd$
(6) $(a+b)^3 = a^3 + 3a^2b + 3ab^2 + b^3$
(7) $(a-b)^3 = a^3 - 3a^2b + 3ab^2 - b^3$
(8) $(a+b)(a^2-ab+b^2) = a^3 + b^3$
(9) $(a-b)(a^2+ab+b^2) = a^3 - b^3$

[解説] (1), (2) では 1 次式の 2 乗 $(a\pm b)^2$, (6), (7) は 1 次式の 3 乗 $(a\pm b)^3$ の展開になる．(3), (8), (9) では展開後に 2 次式 a^2-b^2 や 3 次式 $a^3\pm b^3$ になる．(4), (5) では 2 つの 1 次式の積の展開になる．

> **例題 2.3** 公式 2.2 を用いて展開せよ．
> (1) $(x+2)^2$ (2) $(2x+3y)(2x-3y)$
> (3) $(x+2)(x-3)$ (4) $(x-2y)^3$
> (5) $(x-1)(x^2+x+1)$ (6) $(x+y+z)^2$

解 整式の積を計算する．対応する公式 2.2 の展開式を下に記す．

(1) $(x+2)^2 = x^2 + 2x\cdot 2 + 4 = x^2 + 4x + 4$
$(a+b)^2 = a^2 + 2ab + b^2$

(2) $(2x+3y)(2x-3y) = (2x)^2 - (3y)^2 = 4x^2 - 9y^2$
$(a+b)(a-b) = a^2 - b^2$

(3) $(x+2)(x-3) = x^2 + (2-3)x - 6 = x^2 - x - 6$
$(x+a)(x+b) = x^2 + (a+b)x + ab$

(4) $(x-2y)^3 = x^3 - 3x^2 \cdot 2y + 3x(2y)^2 - (2y)^3 = x^3 - 6x^2y + 12xy^2 - 8y^3$
$(a-b)^3 = a^3 - 3a^2b + 3ab^2 - b^3$

(5) $(x-1)(x^2+x+1) = x^3 - 1$
$(a-b)(a^2+ab+b^2) = a^3 - b^3$

(6) $(x+y+z)^2 = (x+y)^2 + 2(x+y)z + z^2 = x^2 + 2xy + y^2 + 2xz + 2yz + z^2$
$(a+b)^2 = a^2 + 2ab + b^2$

> **問 2.3** 公式 2.2 を用いて展開せよ．
> (1) $(4x-3y)^2$ (2) $(5x-4)(5x+4)$
> (3) $(x-1)(x+4)$ (4) $(2x+3)^3$
> (5) $(x+2)(x^2-2x+4)$ (6) $(x^2+x+1)^2$

2.4 整式の除法

整式を割って商と余りを求める．

整式の商を求めると割り切れない場合もあるので，余りを用いた除法（整除）を考える．そして （割る式）×商+（余り） の式に書く．

例 4 整式の除法を考える．

$(x^2+x+1) \div (x-1) = x+2$ 余り 3
割る式　　商

これを次のように書く．

$x^2 + x + 1 = (x-1)(x+2) + 3$
（割る式）× 商 +（余り）

$$\begin{array}{r} x+2 \\ x-1\,\overline{\smash{)}\,x^2+x+1} \\ \underline{x^2-x} \\ 2x+1 \\ \underline{2x-2} \\ 3 \end{array}$$

割る式 → $x-1$　商
$(x-1) \times x$
$(x-1) \times 2$
余り

以上をまとめておく．

公式 2.3　整式の除法，整除

整式 f を整式 g で割ると商 q と余り r を用いて
$$f = gq+r$$

[解説]　整式の除法では割る式 g と商 q と余り r を組み合わせて，始めの式 f を表す．

例題 2.4　公式 2.3 を用いて（割る式）×商＋(余り)　の式に書け．
(1)　$(2x^3+x^2-x+3)\div(x^2+x-1)$　　(2)　$(x^3+2x^2+9)\div(x+3)$

[解]　整式の商と余りを計算する．縦書きの計算を右側に記す．

(1)　$(2x^3+x^2-x+3)\div(x^2+x-1)$
$= 2x-1$　余り　$2x+2$
$2x^3+x^2-x+3$
$= (x^2+x-1)(2x-1)+2x+2$

$$\begin{array}{r}
2x-1 \longleftarrow 商 \\
\text{割る式} \to x^2+x-1\overline{)2x^3+\ x^2-\ x+3} \\
\underline{2x^3+2x^2-2x} \longleftarrow (x^2+x-1)\times 2x \\
-x^2+\ x+3 \\
\underline{-x^2-\ x+1} \longleftarrow (x^2+x-1)\times(-1) \\
2x+2 \longleftarrow 余り
\end{array}$$

(2)　$(x^3+2x^2+9)\div(x+3) = x^2-x+3$　余り 0
$x^3+2x^2+9 = (x+3)(x^2-x+3)$

$$\begin{array}{r}
x^2-\ x+3 \longleftarrow 商 \\
\text{割る式} \to x+3\overline{)x^3+2x^2+9} \\
\underline{x^3+3x^2} \longleftarrow (x+3)\times x^2 \\
-x^2 \\
\underline{-x^2-3x} \longleftarrow (x+3)\times(-x) \\
3x+9 \\
\underline{3x+9} \longleftarrow (x+3)\times 3 \\
0 \longleftarrow 余り
\end{array}$$

x^n が抜けている場合はあけておく．

問 2.4　公式 2.3 を用いて（割る式）×商＋(余り)　の式に書け．
(1)　$(3x^2-2x+1)\div(3x+4)$　　(2)　$(3x^3+4x^2+7)\div(x+2)$
(3)　$(2x^3-5x^2-1)\div(x^2-1)$　　(4)　$(x^4+x^2-x-3)\div(x+1)$

● **余りの定理**

1 次式で割った余りを考える．

整式を 1 次式で割った余りは代入で求められる．

例 5　1 次式で割った余りを求める．
$$(x^2+x+1)\div(x-1)$$
ならば例 4 より
$$f(x) = x^2+x+1 = (x-1)(x+2)+3$$
ここで，文字 x に 1 を代入すれば $x-1 = 0$ となり，除法を用いなくても余り 3 が求まる．
$$f(1) = 1+1+1 = 3$$

これより次が成り立つ．

公式 2.4 余りの定理

整式 $f(x)$ を 1 次式 $x-a$ で割ると余りは $f(a)$ である．

[解説] 1 次式 $x+a$ で割った余りは $f(-a)$ になる．すなわち，整式 $f(x)$ の x に代入する a の符号は逆になる．

[注意] 整式 $f(x)$ を 1 次式 $ax+b$ で割ると余りは $f\left(-\dfrac{b}{a}\right)$ となる．たとえば，

$$(2x^2-x+3) \div (2x+1)$$

ならば

$$f(x) = 2x^2-x+3 = (2x+1)(x-1)+4$$

一方，文字 x に $-\dfrac{1}{2}$ を代入すれば余り 4 が求まる．

$$f\left(-\dfrac{1}{2}\right) = 2 \times \dfrac{1}{4} + \dfrac{1}{2} + 3 = 4$$

例題 2.5 公式 2.4（代入）を用いて余りを求めよ．
$$(x^3+2x^2+9) \div (x+3)$$

[解] 文字 x に数値を代入して余りを計算する．
$f(x) = x^3+2x^2+9$ とおくと
$$f(-3) = -27+18+9 = 0$$
実際に除法を用いると例題 2.4(2) より余りは 0 になる．

問 2.5 公式 2.4（代入）を用いて余りを求めよ．
(1) $(x^2-2x+3) \div (x-2)$　　(2) $(x^3-x^2+2x+4) \div (x+1)$

練習問題 2

1. 同類項をまとめて整理せよ．
(1) $(3x^3-4x^2y-5xy^2+3y^3)+(-6x^3-3x^2y+4xy^2+y^3)$
(2) $(2x^4-3x^2-6)-(x^3-4x+2)$

2. 公式 2.1 を用いて展開せよ．
(1) $2xy(x^3-2x^2y+xy^2-3y^3)$　　(2) $(x^2-1)(x+2)$
(3) $(x^2-y)(x+y^2)$　　(4) $(x-1)(x-2)(x-3)$

3. 公式 2.2 を用いて展開せよ．
(1) $(x-4)^2$　　(2) $(4-5y)(4+5y)$
(3) $(2x-3y)(x+4y)$　　(4) $(3x+y)^3$
(5) $(2x-y)(4x^2+2xy+y^2)$　　(6) $(x^2+xy+y^2)^2$

4. 公式 2.3 を用いて，(割る式)×商+(余り) の式に書け．

(1) $(2x^2-x-1)\div(x-2)$ (2) $(x^3-2x^2+x+4)\div(2x+1)$

(3) $(x^4+1)\div(x^2+\sqrt{2}x+1)$ (4) $(x^4-x^2+1)\div(x^2+1)$

5. 公式 2.4（代入）を用いて余りを求めよ．

(1) $(2x^2+3x-1)\div(2x-3)$ (2) $(4x^3+x+1)\div(2x+1)$

[解答]

問 2.1 (1) $7x^2+2x-1$ (2) $-x^3+3x^2-6x+7$

問 2.2 (1) $x^2y^2-xy^3+y^4$ (2) $2x^2+7x-15$
(3) $15x^2-2xy-8y^2$ (4) $x^3+7x^2+4x-12$

問 2.3 (1) $16x^2-24xy+9y^2$ (2) $25x^2-16$ (3) x^2+3x-4
(4) $8x^3+36x^2+54x+27$ (5) x^3+8 (6) $x^4+2x^3+3x^2+2x+1$

問 2.4 (1) $(3x+4)(x-2)+9$ (2) $(x+2)(3x^2-2x+4)-1$
(3) $(x^2-1)(2x-5)+2x-6$ (4) $(x+1)(x^3-x^2+2x-3)$

問 2.5 (1) 3 (2) 0

練習問題 2

1. (1) $-3x^3-7x^2y-xy^2+4y^3$ (2) $2x^4-x^3-3x^2+4x-8$

2. (1) $2x^4y-4x^3y^2+2x^2y^3-6xy^4$ (2) x^3-x+2x^2-2
(3) $x^3-xy+x^2y^2-y^3$ (4) $x^3-6x^2+11x-6$

3. (1) $x^2-8x+16$ (2) $16-25y^2$ (3) $2x^2+5xy-12y^2$
(4) $27x^3+27x^2y+9xy^2+y^3$ (5) $8x^3-y^3$
(6) $x^4+2x^3y+3x^2y^2+2xy^3+y^4$

4. (1) $(x-2)(2x+3)+5$ (2) $(2x+1)\left(\dfrac{1}{2}x^2-\dfrac{5}{4}x+\dfrac{9}{8}\right)+\dfrac{23}{8}$
(3) $(x^2+\sqrt{2}x+1)(x^2-\sqrt{2}x+1)$ (4) $(x^2+1)(x^2-2)+3$

5. (1) 8 (2) 0

§3 整式の因数分解，いろいろな式

整式を和の形から積の形に変えることを考える．ここでは整式をいくつかの整式の積で表す．また分数や根号を含む式を計算する．

3.1 因数分解

積を用いて整式を分解する．

文字式を積の形に表したとき，括弧内の式（括弧を略すこともある）を**因数**という．因数の積に変形することを**因数分解**という．ここでは整式の因数分解を考える．

例1 整式を因数分解する．

(1) $x^2+2x-15 = \underset{\text{因数}}{(x-3)}\underset{\text{因数}}{(x+5)}$

(2) $x^4-7x^2-6x = \underset{\text{因数}}{x}\underset{\text{因数}}{(x+1)}\underset{\text{因数}}{(x+2)}\underset{\text{因数}}{(x-3)}$

因数分解で基本的な方法は共通因数を括弧の外に出すことである．

> **例題 3.1** 共通因数を括弧の外に出して因数分解せよ．
> (1) $2x^2y^3-4x^3y^2$ (2) $1-a+2b-2ab$
> (3) $(x+1)^3(x-2)+(x+1)^2(x-2)^2$

解 各項から共通因数を見つけて取り出す．(3)では共通因数を A,B で表して下に記す．

(1) $2x^2y^3-4x^3y^2 = \underset{}{2x^2y^2}y-\underset{}{2x^2y^2}\,2x = 2x^2y^2(y-2x)$

(2) $1-a+2b-2ab = \underset{}{(1-a)}+\underset{}{(1-a)}2b = (1-a)(1+2b)$

(3) $\underset{A^3}{(x+1)^3}\underset{B}{(x-2)}+\underset{A^2}{(x+1)^2}\underset{B^2}{(x-2)^2}$

$= \underset{A^2}{(x+1)^2}\underset{B}{(x-2)}\underset{A}{(x+1)}+\underset{A^2}{(x+1)^2}\underset{B}{(x-2)}\underset{B}{(x-2)}$

$= \underset{A^2}{(x+1)^2}\underset{B}{(x-2)}\underset{(A+B)}{(x+1+x-2)} = (x+1)^2(x-2)(2x-1)$

問 3.1 共通因数を括弧の外に出して因数分解せよ．
(1) $6x^2y^4+4x^3y^3-8x^4y^2$ (2) $a^2-ab-a+b$

3.2 2次式の因数分解

2次式を因数分解する．

このときは展開公式から導いた次の因数分解の公式を用いる．

> **公式 3.1　2次式の因数分解の公式**
> (1) $a^2+2ab+b^2 = (a+b)^2$
> (2) $a^2-2ab+b^2 = (a-b)^2$
> (3) $a^2-b^2 = (a+b)(a-b)$
> (4) $x^2+(a+b)x+ab = (x+a)(x+b)$
> (5) $acx^2+(ad+bc)x+bd = (ax+b)(cx+d)$

[解説] (1), (2) では1次式の2乗 $(a\pm b)^2$ に分解する．(3)～(5) では2つの1次式の積に分解する．

> **例題 3.2**　公式 3.1 を用いて因数分解せよ．
> (1) x^2+6x+9　　(2) $x^2-4xy+4y^2$
> (3) $9x^2-25y^2$　　(4) $x^2+2x-15$
> (5) $5x^2-3x-2$

[解] 2次の整式を因数に分解する．対応する公式 3.1 の分解式を下に記す．
(4), (5) では因数を見つけるための縦書きの計算も記す．

(1) $x^2+6x+9 = x^2+2\cdot x\cdot 3+3^2 = (x+3)^2$
　　　　　　　　$a^2+2ab+b^2 = (a+b)^2$

(2) $x^2-4xy+4y^2 = x^2-2\cdot x\cdot 2y+(2y)^2 = (x-2y)^2$
　　　　　　　　　　$a^2-2ab+b^2 = (a-b)^2$

(3) $9x^2-25y^2 = (3x)^2-(5y)^2 = (3x+5y)(3x-5y)$
　　　　　　　　$a^2-b^2 = (a+b)(a-b)$

(4) $x^2 + 2x - 15 = (x+5)(x-3)$
　　$x^2+(a+b)x+ab = (x+a)(x+b)$

$$\begin{array}{rrr} x & +5 \to & 5x \\ x & -3 \to & -3x \\ \hline x^2 & -15 & +2x \end{array} \quad \begin{array}{rrr} x & -5 \to & -5x \\ x & +3 \to & 3x \\ \hline x^2 & -15 & -2x \end{array}$$

因数の候補を展開し，x の係数に合うものを見つける．

(5) $5x^2 - 3x - 2 = (x-1)(5x+2)$
　　$acx^2+(ad+bc)x+bd = (ax+b)(cx+d)$

$$\begin{array}{rrr} x & +2 \to & 10x \\ 5x & -1 \to & -x \\ \hline 5x^2 & -2 & +9x \end{array} \quad \begin{array}{rrr} x & -2 \to & -10x \\ 5x & +1 \to & x \\ \hline 5x^2 & -2 & -9x \end{array} \quad \begin{array}{rrr} x & -1 \to & -5x \\ 5x & +2 \to & 2x \\ \hline 5x^2 & -2 & -3x \end{array} \quad \begin{array}{rrr} x & +1 \to & 5x \\ 5x & -2 \to & -2x \\ \hline 5x^2 & -2 & +3x \end{array}$$

> **問 3.2**　公式 3.1 を用いて因数分解せよ．
> (1) $x^2-8x+16$　　(2) x^2-4
> (3) $x^2-13x+12$　　(4) $6x^2+11x-10$

3.3 高次式の因数分解

3次以上の整式を因数分解する．

このときも展開公式から導いた因数分解の公式を用いる．

公式 3.2 3次式の因数分解の公式
(1) $a^3+3a^2b+3ab^2+b^3 = (a+b)^3$
(2) $a^3-3a^2b+3ab^2-b^3 = (a-b)^3$
(3) $a^3+b^3 = (a+b)(a^2-ab+b^2)$
(4) $a^3-b^3 = (a-b)(a^2+ab+b^2)$

[解説] (1),(2) では1次式の3乗 $(a\pm b)^3$ に分解する．(3),(4) では3次式 $a^3 \pm b^3$ を分解する．

例題 3.3 公式 3.2 を用いて因数分解せよ．
(1) $x^3+6x^2+12x+8$ (2) $8x^3-12x^2y+6xy^2-y^3$
(3) x^3-8 (4) $8x^3+27y^3$

[解] 3次の整式を因数に分解する．対応する公式 3.2 の分解式を下に記す．

(1) $x^3+6x^2+12x+8 = x^3+3x^2 2+3x 2^2+2^3 = (x+2)^3$
$\quad\quad\quad\quad\quad\quad\quad\quad\ \ a^3+3a^2b+3ab^2+b^3 = (a+b)^3$

(2) $8x^3-12x^2y+6xy^2-y^3 = (2x)^3-3(2x)^2y+3(2x)y^2-y^3 = (2x-y)^3$
$\quad\quad\quad\quad\quad\quad\quad\quad\ \ a^3\ -\ 3a^2b\ +\ 3ab^2\ -b^3 = (a-b)^3$

(3) $x^3-8 = x^3-2^3 = (x-2)(x^2+2x+4)$
$\quad\quad\quad\ \ a^3-b^3 = (a-b)(a^2+ab+b^2)$

(4) $8x^3+27y^3 = (2x)^3+(3y)^3 = (2x+3y)(4x^2-6xy+9y^2)$
$\quad\quad\quad\quad\ \ a^3\ +\ b^3\ =\ (a+b)\ (a^2-ab+b^2)$

問 3.3 公式 3.2 を用いて因数分解せよ．
(1) $x^3-9x^2+27x-27$ (2) $64x^3+48x^2y+12xy^2+y^3$
(3) x^3+64 (4) $27x^3-125y^3$

● 因数定理

除法を用いて因数分解する．

公式 2.3 で余りが 0 の場合に注目すると次が成り立つ．

公式 3.3 因数定理

整式 $f(x)$ が $f(a)=0$ を満たせば1次式 $x-a$ で因数分解できる．すなわち整式 $q(x)$ に対して
$$f(x)=(x-a)q(x)$$

[解説] 公式 2.3 より 1 次式 $x-a$ で割った余りは $f(a)$ なので，$f(a)=0$ ならば割り切れて因数分解できる．

例題 3.4 公式 3.3 を用いて因数分解せよ．
(1) x^3-3x^2+4x-2 (2) x^4-7x^2-6x

[解] 除法を用いて因数分解する．縦書きの計算を右側と下に記す．

(1) $f(x)=x^3-3x^2+4x-2$
$f(1)=1-3+4-2=0$
$f(x)=(x-1)(x^2-2x+2)$

$$\begin{array}{r}x^2-2x+2\\ x-1\overline{\smash{)}x^3-3x^2+4x-2}\\ \underline{x^3-x^2}\\ -2x^2+4x\\ \underline{-2x^2+2x}\\ 2x-2\\ \underline{2x-2}\\ 0\end{array}$$

(2) $f(x)=x^4-7x^2-6x=x(x^3-7x-6)$
$g(x)=x^3-7x-6$
$g(-1)=-1+7-6=0$
$f(x)=x(x+1)(x^2-x-6)$
$=x(x+1)(x+2)(x-3)$

$$\begin{array}{r}x^2-x-6\\ x+1\overline{\smash{)}x^3-7x-6}\\ \underline{x^3+x^2}\\ -x^2-7x\\ \underline{-x^2-x}\\ -6x-6\\ \underline{-6x-6}\\ 0\end{array}$$

```
x     +2 →   2x
x     -3 →  -3x
─────────────────
x²    -6     -x
```

問 3.4 公式 3.3 を用いて因数分解せよ．
(1) x^3+3x^2-4 (2) $3x^3+x^2-8x+4$
(3) $2x^3+9x^2+13x+6$ (4) x^4+2x^2-3x

3.4 有理式

2つの整式を分母と分子に並べて**分数式**という．整式と分数式をまとめて**有理式**という．

有理式の計算では展開，通分，約分，除法などを用いる．

例題 3.5 指示に従って有理式を計算せよ．
(1) $\left(x-\dfrac{1}{x}\right)\left(x^2-\dfrac{1}{x^2}\right)$ （展開） (2) $\dfrac{x^2-x-2}{x^2-1}$ （約分）

(3) $\dfrac{1}{x-1}+\dfrac{2}{x+2}$ （通分）   (4) $\dfrac{x^2+x-1}{x}$ （分子を分解）

(5) $\dfrac{x^2+x+1}{x-1}$ （除法）

(6) $\dfrac{\dfrac{1}{x-1}+\dfrac{1}{x+1}}{2x}$ （繁分数を単純化）

解 分数と同様な方法（公式1.2）を用いて有理式を計算する．

(1) $\left(x-\dfrac{1}{x}\right)\left(x^2-\dfrac{1}{x^2}\right)=x^3-x-\dfrac{1}{x}+\dfrac{1}{x^3}$

(2) $\dfrac{x^2-x-2}{x^2-1}=\dfrac{(x+1)(x-2)}{(x+1)(x-1)}=\dfrac{x-2}{x-1}$

(3) $\dfrac{1}{x-1}+\dfrac{2}{x+2}=\dfrac{x+2}{(x-1)(x+2)}+\dfrac{2x-2}{(x-1)(x+2)}=\dfrac{3x}{(x-1)(x+2)}$

(4) $\dfrac{x^2+x-1}{x}=\dfrac{x^2}{x}+\dfrac{x}{x}-\dfrac{1}{x}=x+1-\dfrac{1}{x}$

(5) §2の例4より $x^2+x+1=(x-1)(x+2)+3$ となるから

$$\dfrac{x^2+x+1}{x-1}=\dfrac{(x-1)(x+2)+3}{x-1}=x+2+\dfrac{3}{x-1}$$

(6) $\dfrac{\dfrac{1}{x-1}+\dfrac{1}{x+1}}{2x}=\dfrac{\dfrac{x+1}{(x-1)(x+1)}+\dfrac{x-1}{(x-1)(x+1)}}{2x}=\dfrac{x+1+x-1}{2x(x-1)(x+1)}$

$$=\dfrac{2x}{2x(x^2-1)}=\dfrac{1}{x^2-1}$$

問 3.5 指示に従って有理式を計算せよ．

(1) $\left(x+\dfrac{1}{x^2}\right)\left(x^2-\dfrac{1}{x}\right)$ （展開）   (2) $x-1+\dfrac{1}{x+1}$ （通分）

[注意] 分母は和や差で分けられない．

$$\dfrac{1}{x^2+x}=\dfrac{1}{x^2}+\dfrac{1}{x} \quad \text{✗}$$

また，分母と分子の共通因数でしか約分できない．次の例では分母の x^2 と分子の x を約分できない．

$$\dfrac{x}{x^2+1}=\dfrac{1}{x+1} \quad \text{✗}$$

3.5 無理式

根号（n 乗根）を含むとき**無理式**という．

無理式の計算では展開，因数分解，通分，有理化などを用いる．

例題 3.6 指示に従って無理式を計算せよ．

(1) $\sqrt{x+1}\sqrt{x-1}$ （積）   (2) $(\sqrt{x}+1)(\sqrt{x}-2)$ （展開）

(3) $\sqrt{x^4+x^2}$ （因数分解） (4) $\sqrt{x-1}-\dfrac{x}{\sqrt{x-1}}$ （通分）

(5) $\dfrac{1}{\sqrt{x}-1}$ （分母を有理化）

(6) $\dfrac{2\sqrt{x}-\dfrac{x-1}{\sqrt{x}}}{x+1}$ （繁分数を単純化）

解 無理数と同様な方法（公式1.3）を用いて無理式を計算する．

(1) $\sqrt{x+1}\sqrt{x-1} = \sqrt{x^2-1}$

(2) $(\sqrt{x}+1)(\sqrt{x}-2) = \sqrt{x}^2+\sqrt{x}-2\sqrt{x}-2 = x-\sqrt{x}-2$

(3) 公式1.3の注意より $\sqrt{x^2}=|x|$ となるから
$\sqrt{x^4+x^2} = \sqrt{x^2(x^2+1)} = \sqrt{x^2}\sqrt{x^2+1} = |x|\sqrt{x^2+1}$

(4) $\sqrt{x-1}-\dfrac{x}{\sqrt{x-1}} = \dfrac{\sqrt{x-1}^2}{\sqrt{x-1}}-\dfrac{x}{\sqrt{x-1}} = \dfrac{x-1-x}{\sqrt{x-1}} = -\dfrac{1}{\sqrt{x-1}}$

(5) $\dfrac{1}{\sqrt{x}-1} = \dfrac{\sqrt{x}+1}{(\sqrt{x}-1)(\sqrt{x}+1)} = \dfrac{\sqrt{x}+1}{\sqrt{x}^2-1} = \dfrac{\sqrt{x}+1}{x-1}$

(6) $\dfrac{2\sqrt{x}-\dfrac{x-1}{\sqrt{x}}}{x+1} = \dfrac{\dfrac{2\sqrt{x}^2}{\sqrt{x}}-\dfrac{x-1}{\sqrt{x}}}{x+1} = \dfrac{2x-x+1}{(x+1)\sqrt{x}} = \dfrac{x+1}{(x+1)\sqrt{x}} = \dfrac{1}{\sqrt{x}}$ ∎

問 3.6 指示に従って無理式を計算せよ．

(1) $(\sqrt{x}-\sqrt{x-1})(\sqrt{x}+2\sqrt{x-1})$ （展開）

(2) $\dfrac{1}{\sqrt{x}-1}-\dfrac{1}{\sqrt{x}+1}$ （通分）

[注意] 根号は和や差で分けられない．
$\sqrt{x+2} = \sqrt{x}+\sqrt{2}$ ✗　　$\sqrt{x^2-4} = \sqrt{x^2}-\sqrt{4} = x-2$ ✗

● 文字式の分類

文字式にもいろいろな種類がある．主な文字式の分類をここに書く．

$$
\text{文字式（数式）} \begin{cases} \text{代数式} \begin{cases} \text{有理式} \begin{cases} \text{整式（多項式）} \begin{cases} \text{定　数 } 1, 2, \sqrt{3}, \pi, e, \cdots \\ 1\text{次式 } 2x+1,\ 3x-4,\cdots \\ 2\text{次式 } x^2+1,\ x^2-3x,\cdots \\ \text{高次式 } x^3+x+1,\ x^4-1,\cdots \end{cases} \\ \text{分数式 } \dfrac{1}{x},\ \dfrac{1}{x^2+1},\ \dfrac{x+2}{x^3+x-1},\ \cdots \end{cases} \\ \text{無理式 } \sqrt{x+1},\ \dfrac{\sqrt{x}}{\sqrt{x}+1},\ \sqrt[3]{x^2+1},\ \cdots \end{cases} \\ \text{超越式 } e^x+1,\ \log x+x,\ \sin x+\cos x,\ \cdots \\ \text{級　数 } 1+x+x^2+x^3+\cdots,\ \sin x-\dfrac{\sin 2x}{2}+\dfrac{\sin 3x}{3}-\cdots \end{cases}
$$

練習問題 3

1. 共通因数を括弧の外に出して因数分解せよ．
 (1) $2xy^2z^2+3x^2yz^2-4x^2y^2z$ (2) $1+a^2+b+a^2b$
 (3) $(x^2+1)(x+2)^2-2(x^2+1)^2(x+2)$
 (4) $(x-y)^3(x+y)+(x-y)^2(x+y)^2$

2. 公式 3.1 を用いて因数分解せよ．
 (1) $x^2+4\sqrt{2}x+8$ (2) $49x^2-4y^2$
 (3) $x^2-7x-18$ (4) $6x^2+x-15$

3. 公式 3.2 を用いて因数分解せよ．
 (1) $125x^3-75x^2+15x-1$ (2) $8x^3+36x^2y+54xy^2+27y^3$
 (3) $27x^3-64$ (4) $125x^3+8y^3$

4. 公式 3.3 を用いて因数分解せよ．
 (1) x^3+2x^2-x-2 (2) $2x^3-x^2-4x+3$
 (3) $x^4-2x^3+3x^2-4x+2$ (4) $x^4-x^3-7x^2+x+6$

5. 指示に従って有理式を計算せよ．
 (1) $\dfrac{(x+2)^2-4}{x}$ （約分） (2) $\dfrac{x}{x^2+1}-\dfrac{1}{x+1}$ （通分）
 (3) $\dfrac{x^2+2x+3}{x-1}$ （除法） (4) $\dfrac{x+\dfrac{1}{x+1}}{x+1+\dfrac{1}{x}}$ （繁分数を単純化）

6. 指示に従って無理式を計算せよ．
 (1) $(\sqrt{1+x}-\sqrt{1-x})^2$ （展開） (2) $\sqrt{\dfrac{x+1}{x-1}}-\sqrt{\dfrac{x-1}{x+1}}$ （通分）
 (3) $\dfrac{\sqrt{2+x}-\sqrt{2-x}}{x}$ （分子を有理化）
 (4) $\dfrac{\sqrt{x}-\dfrac{1}{\sqrt{x}}}{x-1}$ （繁分数を単純化）

解答

問 3.1 (1) $2x^2y^2(3y^2+2xy-4x^2)$ (2) $(a-1)(a-b)$

問 3.2 (1) $(x-4)^2$ (2) $(x+2)(x-2)$ (3) $(x-1)(x-12)$
　　 (4) $(2x+5)(3x-2)$

問 3.3 (1) $(x-3)^3$ (2) $(4x+y)^3$ (3) $(x+4)(x^2-4x+16)$
　　 (4) $(3x-5y)(9x^2+15xy+25y^2)$

問 3.4 (1) $(x-1)(x+2)^2$ (2) $(x-1)(x+2)(3x-2)$
　　 (3) $(x+1)(x+2)(2x+3)$ (4) $x(x-1)(x^2+x+3)$

問 3.5 (1) $x^3-\dfrac{1}{x^3}$ (2) $\dfrac{x^2}{x+1}$

問 3.6 (1) $2-x+\sqrt{x^2-x}$ (2) $\dfrac{2}{x-1}$

練習問題 3

1. (1) $xyz(2yz+3xz-4xy)$ (2) $(1+a^2)(1+b)$
 (3) $x(x^2+1)(x+2)(1-2x)$ (4) $2x(x-y)^2(x+y)$
2. (1) $(x+2\sqrt{2})^2$ (2) $(7x-2y)(7x+2y)$ (3) $(x+2)(x-9)$
 (4) $(2x-3)(3x+5)$
3. (1) $(5x-1)^3$ (2) $(2x+3y)^3$ (3) $(3x-4)(9x^2+12x+16)$
 (4) $(5x+2y)(25x^2-10xy+4y^2)$
4. (1) $(x-1)(x+1)(x+2)$ (2) $(x-1)^2(2x+3)$
 (3) $(x-1)^2(x^2+2)$ (4) $(x-1)(x+1)(x+2)(x-3)$
5. (1) $x+4$ (2) $\dfrac{x-1}{(x^2+1)(x+1)}$ (3) $x+3+\dfrac{6}{x-1}$
 (4) $\dfrac{x}{x+1}$
6. (1) $2(1-\sqrt{1-x^2})$ (2) $\dfrac{2}{\sqrt{x^2-1}}$ (3) $\dfrac{2}{\sqrt{2+x}+\sqrt{2-x}}$
 (4) $\dfrac{1}{\sqrt{x}}$

§4 方程式と不等式

因数分解などを用いて方程式や不等式に取り組む．ここでは恒等式と方程式，そして不等式を解く．

4.1 恒等式

いろいろな等式を考える．

等号（＝）を含む式を等式という．等式には恒等式と方程式があり，形が似ているが次のような違いがある．

例1 恒等式と方程式を比べる．

(1) 恒等式
$$x^2-1 = (x+1)(x-1)$$
文字 x がどの数値でも等式が成り立つ．

(2) 方程式
$$x^2-1 = (x-1)(x-1)$$
$x = 1$ ならば等式が成り立つ．$x \neq 1$ ならば成り立たない．

どの数値 $x, y, \cdots$ でも等式が成り立つならば**恒等式**という．ある数値 $x = a, y = b, \cdots$ で等式が成り立つならば**方程式**という．このとき，文字 $x, y, \cdots$ を**未知数**といい，数値 $a, b, \cdots$ を**解**という．

これまでに現れた等式はほとんど恒等式である．ここでは別の応用を見る．

> **公式 4.1 未定係数法**
> $$a + bx + cx^2 + \cdots = a' + b'x + c'x^2 + \cdots$$
> が恒等式ならば $a = a'$, $b = b'$, $c = c'$, $\cdots$ が成り立つ．

[解説] 2つの整式から作った恒等式では両辺の対応する係数同士が一致する．

> **例題 4.1** 公式 4.1 か代入を用いて恒等式の係数 a, b を求めよ．
> $$a(x-1) + b(x+1) = x + 3$$

[解] 未定係数法（公式 4.1）では両辺の対応する係数を比べる．代入法では文字 x に数値を代入して係数を計算する．

(1) 未定係数法
$$a(x-1) + b(x+1) = x + 3$$
$$(a+b)x + (-a+b) = x + 3$$

$$\begin{cases} a+b=1 \\ -a+b=3 \end{cases} \text{より} \begin{cases} a=-1 \\ b=2 \end{cases}$$

(2) 代入法

$$a(x-1)+b(x+1)=x+3$$
$$x=-1 \quad \text{ならば} \quad -2a=2, \ a=-1$$
$$x=1 \quad \text{ならば} \quad 2b=4, \ b=2$$

問 4.1 公式 4.1 か代入を用いて恒等式の係数 a,b,c を求めよ．

(1) $a(x+1)+b(x+2)=2x+3$

(2) $ax(x+1)+bx(x-1)+c(x+1)(x-1)=x^2+3x+2$

[注意] 代入法では係数 $a,b,c,\cdots$ の個数だけ文字 x に数値を代入する．

4.2 1次方程式

1次式から作った方程式を1次方程式という．式が2個以上ならば連立1次方程式という．

これらの解を求める（**解く**）ために等式の性質をまとめておく．

公式 4.2 等式の性質

(1) $a=b$ ならば $a+c=b+c, \ a-c=b-c$

(2) $a=b, \ c\neq 0$ ならば $ac=bc, \ \dfrac{a}{c}=\dfrac{b}{c}$

[解説] 等式の両辺に同じ数字や文字をたしたり，引いたり，掛けたり，割ったりしても等式は成り立つ．

例題 4.2 公式 4.2 を用いて解け．

(1) $3x-5=x+1$ (2) $\begin{cases} 3x+y=3 \\ 5x+2y=4 \end{cases}$

解 (1)では未知数 x を左辺に，数字を右辺に移項してから，x の値を求める．(2)では未知数 x,y を1つに減らしてから，x,y の値を求める．

(1) $3x-5=x+1$
$3x-x=5+1, \quad 2x=6, \quad x=3$

(2) $\begin{cases} 3x+y=3 & ① \\ 5x+2y=4 & ② \end{cases}$

②$-2\times$① より $-x=-2, \ x=2$

これを①に代入すると $6+y=3, \ y=3-6=-3$

問 4.2 公式 4.2 を用いて解け．

(1) $5x-1=2x+5$ (2) $3(x+1)-1=-5(x-2)$

(3) $\begin{cases} 2x - y = 4 \\ 3x - 2y = 5 \end{cases}$ (4) $\begin{cases} x + 2y = 3 \\ 4x + 7y = 2 \end{cases}$

4.3 高次方程式

2次式，3次式，…（高次式）から作った方程式を2次方程式，3次方程式，…（高次方程式）という．

これらを解くには因数分解が有効である．

● 2次方程式

2次式から作った方程式を解く．

解法では因数分解を用いるが，うまくいかないときは次の解の公式を使う．

公式 4.3 2次方程式の解の公式

2次方程式 $ax^2 + bx + c = 0$ の解は

$$x = \frac{-b \pm \sqrt{b^2 - 4ac}}{2a}$$

[解説] 2次方程式の係数 a, b, c から解が求まる．

例題 4.3 因数分解か公式 4.3 を用いて解け．
(1) $x^2 - 5x + 6 = 0$ (2) $x^2 - 4x + 4 = 0$
(3) $x^2 - 6x - 3 = 0$

解 2次方程式は2つの解を持つ．

(1) $(x-2)(x-3) = 0$

$x = 2, 3$

2つの実数解を持つ．

(2) $(x-2)^2 = 0$

$x = 2$

2重解（実数解）を持つ．

(3) $x = \dfrac{6 \pm \sqrt{36 + 12}}{2} = \dfrac{6 \pm 4\sqrt{3}}{2} = 3 \pm 2\sqrt{3}$

2つの実数解を持つ．

問 4.3 因数分解か公式 4.3 を用いて解け．
(1) $x^2 + 6x + 8 = 0$ (2) $x^2 - 12x + 36 = 0$
(3) $2x^2 - 3x - 5 = 0$ (4) $x^2 - 3x - 3 = 0$

公式 4.3 で $b^2-4ac<0$ のときは根号 $\sqrt{\ }$ の中が負の数になる．そこで $i^2=-1$ または $i=\sqrt{-1}$ を満たす新しい数 i を導入する．これを**虚数単位**といい，i を含む数を**虚数**という．i を用いると負の数の平方根は次のように表せる．

例 2 i を用いて負の数の平方根を表す．
(1) $\sqrt{-1}=i$ (2) $\sqrt{-2}=\sqrt{-1}\sqrt{2}=\sqrt{2}i$
(3) $\sqrt{-3}=\sqrt{-1}\sqrt{3}=\sqrt{3}i$ (4) $\sqrt{-4}=\sqrt{-1}\sqrt{4}=2i$

例題 4.4 公式 4.3 を用いて解け．
$$x^2-2x+3=0$$

解 根号 $\sqrt{\ }$ の中が負の数ならば $\sqrt{-1}=i$ を用いて正の数に直す．
$$x^2-2x+3=0$$
$$x=\frac{2\pm\sqrt{4-12}}{2}=\frac{2\pm\sqrt{-8}}{2}=\frac{2\pm 2\sqrt{2}i}{2}=1\pm\sqrt{2}i$$
2 つの虚数解を持つ．

問 4.4 公式 4.3 を用いて解け．
(1) $x^2+4=0$ (2) $x^2+4x+7=0$

注意 2 次方程式の虚数解は公式 4.3 より $p\pm qi$ の式に書けるが，これらを**共役**という．たとえば例題 4.4 の $1+\sqrt{2}i$ と $1-\sqrt{2}i$ は共役である．

● **3 次以上の方程式**

3 次以上の式から作った方程式を解く．
解法では因数分解と公式 3.3, 4.3 を用いる．

例題 4.5 因数分解か公式 3.3, 4.3 を用いて解け．
$$x^3-7x+6=0$$

解 3 次方程式は 3 つの解を持つ．除法の計算を右側に記す．
$$x^3-7x+6=0$$
$x=1$ ならば $1-7+6=0$ より
$$(x-1)(x^2+x-6)=0$$
$$(x-1)(x-2)(x+3)=0$$
$$x=1, 2, -3$$

$$\begin{array}{r}x^2+x-6\\x-1\overline{)x^3-7x+6}\\\underline{x^3-x^2}\\x^2-7x\\\underline{x^2-x}\\-6x+6\\\underline{-6x+6}\\0\end{array}$$

3 つの実数解を持つ．

問 4.5 因数分解か公式 3.3, 4.3 を用いて解け．
(1) $x^3-5x^2+8x-4=0$ (2) $x^3+5x^2+9x+6=0$

4.4 不等式

いろいろな不等式を考える．

不等号（>，<，≧，≦）を含む式を**不等式**という．ある数値 a で不等式が成り立つならば，数値 a を不等式の**解**という．

● **1次不等式**

1次式から作った不等式を1次不等式という．

これらの解を求める（**解く**）ために不等式の性質をまとめておく．

公式 4.4 不等式の性質

(1) $a < b$ ならば $a+c < b+c$, $a-c < b-c$

(2) $a < b$, $c > 0$ ならば $ac < bc$, $\dfrac{a}{c} < \dfrac{b}{c}$

(3) $a < b$, $c < 0$ ならば $ac > bc$, $\dfrac{a}{c} > \dfrac{b}{c}$

[解説] (1),(2) では不等式の両辺に同じ数をたしたり，引いたり，同じ正の数を掛けたり，割ったりしても不等号の向きは変わらない．(3) では不等式の両辺に同じ負の数を掛けたり，割ったりすると不等号の向きが逆になる．

例題 4.6 公式 4.4 を用いて解け．
$$3x - 3 < x + 1$$

[解] 未知数 x を左辺に，数字を右辺に移項してから x の範囲を求める．
$$3x - x < 3 + 1$$
$$2x < 4, \quad x < 2$$

問 4.6 公式 4.4 を用いて解け．

(1) $2x - 1 < 4x + 3$ (2) $x - 2 \geqq 3x + 4$

● **高次不等式**

2次式，3次式，…（高次式）から作った不等式を2次不等式，3次不等式，…（高次不等式）という．

解法では因数分解や公式 3.3，4.3 と符号の表を用いる．

例題 4.7 因数分解か公式 3.3，4.3 を用い，符号の表を作って解け．

(1) $x^2 - x - 2 \leqq 0$ (2) $-x^2 + 6x - 9 < 0$

(3) $x^2 + x + 1 \geqq 0$ (4) $x^3 - 2x^2 - x + 2 < 0$

[解] まず方程式に直して実数解を求めてから，式の符号を調べる．除法の計算

を右側に記す．

(1) $x^2-x-2 \leqq 0$

$y = x^2-x-2 = 0$ とおくと

$(x+1)(x-2) = 0$

$x = -1, 2$

表 4.1 $y = x^2-x-2$ の符号．

x	$\cdots$	-1	$\cdots$	2	$\cdots$
y	$+$	0	$-$	0	$+$

← $y=0$ となる実数 x を書く．
← y の符号と 0 を書く．$+$ と 0 と $-$ が隣り合う．

表 4.1 より $y \leqq 0$ となるのは $-1 \leqq x \leqq 2$．

(2) $-x^2+6x-9 < 0$

$x^2-6x+9 > 0$

$y = x^2-6x+9 = 0$ とおくと

$(x-3)^2 = 0$

$x = 3$ （2重解）

表 4.2 $y = x^2-6x+9$ の符号．

x	$\cdots$	3	$\cdots$
y	$+$	0	$+$

← 2重解なので $+$ と 0 と $+$ が隣り合う．

表 4.2 より $y > 0$ となるのは $x < 3$, $3 < x$ または $x \neq 3$．

(3) $x^2+x+1 \geqq 0$

$y = x^2+x+1 = 0$ とおくと

$x = \dfrac{-1 \pm \sqrt{1-4}}{2} = \dfrac{-1 \pm \sqrt{3}i}{2}$

表 4.3 $y = x^2+x+1$ の符号．

x	$\cdots$
y	$+$

← 虚数は書かない．
← 0 がないので符号が変化しない．

表 4.3 より $y \geqq 0$ となるのはすべての実数 または $-\infty < x < \infty$．

(4) $x^3-2x^2-x+2 < 0$

$y = x^3-2x^2-x+2 = 0$ とおくと

$x = 1$ ならば $y = 1-2-1+2 = 0$ より

$(x-1)(x^2-x-2) = 0$

$(x-1)(x+1)(x-2) = 0$

$x = \pm 1, 2$

表 4.4 $y = x^3-2x^2-x+2$ の符号．

x	$\cdots$	-1	$\cdots$	1	$\cdots$	2	$\cdots$
y	$-$	0	$+$	0	$-$	0	$+$

$$\begin{array}{r} x^2-\ x\ -2 \\ x-1\overline{\smash{\big)}\ x^3-2x^2-\ x+2} \\ \underline{x^3-\ x^2} \\ -x^2-\ x \\ \underline{-x^2+\ x} \\ -2x+2 \\ \underline{-2x+2} \\ 0 \end{array}$$

表 4.4 より $y < 0$ となるのは $x < -1$, $1 < x < 2$．

問 4.7 因数分解か公式 3.3, 4.3 を用い，符号の表を作って解け．

(1) $x^2+3x+2 > 0$ (2) $4x^2-4x+1 \leqq 0$

(3) $-x^2-2x-2 > 0$ (4) $x^3+x^2-4x-4 \geqq 0$

注意1 n 次不等式では n 次の項 x^n の係数を正にする．たとえば例題 4.7(2) では次のように変形している．

$-x^2+6x-9 < 0$ ならば $x^2-6x+9 > 0$

注意2 文字 y の符号は $x = a$ で $y = 0$ ならば 0 をはさんで $+$ と $-$ が隣り合う．ただし，y の式を因数分解して偶数乗 $(x-a)^2$, $(x-a)^4$, $(x-a)^6$, $\cdots$ があれば $+$ と $+$, $-$ と $-$ が隣り合う．

練習問題 4

1. 公式 4.1 か代入を用いて恒等式の係数 a, b, c, d を求めよ．
   (1) $a(x^2+2)+(bx+c)(x+1) = x^2-2x$
   (2) $a(x-1)^2+bx(x-1)+cx = x-2$
   (3) $(ax+b)(x^2-1)+(cx+d)(x^2+1) = x^3+3x$
   (4) $a(x-1)^3+b(x-1)^2+c(x-1) = x^3-1$

2. 公式 4.2 を用いて解け．
   (1) $x^2+3 = (x-1)^2$ (2) $\dfrac{x+3}{x+1} = 2$
   (3) $\begin{cases} 3x+2y = 2 \\ 5x+3y = 4 \end{cases}$ (4) $\begin{cases} 4x-3y = 3 \\ 5x-4y = 1 \end{cases}$

3. 因数分解か公式 4.3 を用いて解け．
   (1) $6x^2+7x-5 = 0$ (2) $4x^2-20x+25 = 0$
   (3) $4x^2-4x-1 = 0$ (4) $2x^2+3x-1 = 0$

4. 公式 4.3 を用いて解け．
   (1) $x^2-4x+13 = 0$ (2) $x^2+x+2 = 0$

5. 因数分解か公式 3.3, 4.3 を用いて解け．
   (1) $x^4-5x^2+4 = 0$ (2) $x^4-x^3+x-1 = 0$

6. 公式 4.4 を用いて解け．
   (1) $3x+2 > 5x-6$ (2) $4x-3 \leqq 6x+1$

7. 因数分解か公式 3.3, 4.3 を用い，符号の表を作って解け．
   (1) $-x^2+7x-12 > 0$ (2) $16x^2-24x+9 \geqq 0$
   (3) $x^3-x^2-x+1 \leqq 0$ (4) $x^3-3x^2+4x-2 > 0$

解答

問 4.1 (1) $a=1, b=1$ (2) $a=3, b=0, c=-2$

問 4.2 (1) $x=2$ (2) $x=1$ (3) $x=3, y=2$
    (4) $x=-17, y=10$

問 4.3 (1) $x=-2, -4$ (2) $x=6$ (3) $x=-1, \dfrac{5}{2}$
    (4) $x = \dfrac{3\pm\sqrt{21}}{2}$

問 4.4 (1) $x=\pm 2i$ (2) $x=-2\pm\sqrt{3}i$

問 4.5 (1) $x=1,2$ (2) $x=-2, \dfrac{-3\pm\sqrt{3}i}{2}$

問 4.6 (1) $-2 < x$ (2) $x \leqq -3$

問 4.7 (1) $x<-2, -1<x$ (2) $x=\dfrac{1}{2}$ (3) 解なし
    (4) $-2 \leqq x \leqq -1, 2 \leqq x$

練習問題 4

1. (1) $a=1,\ b=0,\ c=-2$ (2) $a=-2,\ b=2,\ c=-1$
   (3) $a=-1,\ b=0,\ c=2,\ d=0$ (4) $a=1,\ b=3,\ c=3$
2. (1) $x=-1$ (2) $x=1$ (3) $x=2,\ y=-2$
   (4) $x=9,\ y=11$
3. (1) $x=-\dfrac{5}{3},\dfrac{1}{2}$ (2) $x=\dfrac{5}{2}$ (3) $x=\dfrac{1\pm\sqrt{2}}{2}$
   (4) $x=\dfrac{-3\pm\sqrt{17}}{4}$
4. (1) $x=2\pm 3i$ (2) $x=\dfrac{-1\pm\sqrt{7}i}{2}$
5. (1) $x=\pm 1,\pm 2$ (2) $x=\pm 1,\dfrac{1\pm\sqrt{3}i}{2}$
6. (1) $x<4$ (2) $-2\leqq x$
7. (1) $3<x<4$ (2) すべての実数 または $-\infty<x<\infty$
   (3) $x\leqq -1,\ x=1$ (4) $1<x$

§5 複素数と計算

実数だけでは不便なことが多いので，数の範囲を広げることを考える．ここでは実数と虚数を合わせた複素数を導入して性質を調べる．

5.1 複素数

2つの実数と虚数単位から複素数を作る．

虚数単位 i とは次のような数である．
$$i = \sqrt{-1} \quad \text{または} \quad i^2 = -1$$

a, b を実数とするとき，$\alpha = a+bi$ を**複素数**という．$b = 0$ ならば実数になる．$b \neq 0$ ならば虚数，$a = 0$ ならば純虚数という．a を複素数 α の**実部**といい，$\operatorname{Re}\alpha$ と書く．b を複素数 α の**虚部**といい，$\operatorname{Im}\alpha$ と書く．

$$\alpha = a + bi$$
α の実部 $(\operatorname{Re}\alpha)$ α の虚部 $(\operatorname{Im}\alpha)$

● **複素数と実数**

複素数と実数の関係を見る．

複素数 $\begin{cases} \text{実数} \quad 1, 2, 3, \cdots \\ \text{虚数}(i \text{ を含む}) \begin{cases} \text{純虚数 (実部が 0)} \quad i, 2i, 3i, \cdots \\ \text{その他の虚数} \quad 1+2i, 3+4i, \cdots \end{cases} \end{cases}$

$\bar{\alpha} = a - bi$ を複素数 α の**共役**（複素数），$|\alpha| = \sqrt{a^2+b^2}$ を複素数 α の**絶対値**という．

以上をまとめておく．

公式 5.1 虚数単位，複素数の実部，虚部，共役，絶対値

(1) $i = \sqrt{-1}$ または $i^2 = -1$

(2) $\operatorname{Re}\alpha = \operatorname{Re}(a+bi) = a$ (3) $\operatorname{Im}\alpha = \operatorname{Im}(a+bi) = b$

(4) $\bar{\alpha} = \overline{a+bi} = a-bi$ (5) $|\alpha| = |a+bi| = \sqrt{a^2+b^2}$

解説 (1)では虚数単位を2乗すると-1になる．(2)〜(5)では複素数 α の実部 $\operatorname{Re}\alpha$ と虚部 $\operatorname{Im}\alpha$ を用いて，共役 $\bar{\alpha}$ や絶対値 $|\alpha|$ を計算する．

例題 5.1 公式 5.1 を用いて複素数 $1+2i$ の実部，虚部，共役，絶対値を求めよ．

解 記号 $\operatorname{Re}, \operatorname{Im}, \bar{}, |\ |$ を用いて書く．
$\operatorname{Re}(1+2i) = 1$, $\operatorname{Im}(1+2i) = 2$, $\overline{1+2i} = 1-2i$, $|1+2i| = \sqrt{1+4} = \sqrt{5}$ ∎

問 5.1 公式 5.1 を用いて実部，虚部，共役，絶対値を求めよ．
 (1) $1-2i$　　(2) $4+3i$

2つの複素数 α, β の実部同士と虚部同士が等しいならば，$\alpha = \beta$ と書く．

例1 複素数の等式を考える．
(1) $a+bi = 1+2i$　ならば　$a=1, b=2$
(2) $a+bi = 0$　　　ならば　$a=b=0$

● 複素数の四則，共役，絶対値の計算

複素数の四則などを考える．

複素数の計算は虚数単位 i を含む文字式の計算と同じである．ただし，$i^2 = -1$ とする．

例題 5.2 $\alpha = 1+2i, \beta = 3+4i$ のとき，$a+bi$ に変形せよ．
 (1) $\alpha+\beta$　　(2) $\alpha-\beta$　　(3) $\alpha\beta$　　(4) α^2
 (5) $\dfrac{1}{\alpha}$　　(6) $\dfrac{\alpha}{\beta}$　　(7) $\bar{\alpha}+\bar{\beta}$　　(8) $\bar{\alpha}\bar{\beta}$
 (9) $\alpha\bar{\alpha}$　　(10) $|\alpha||\beta|$

解 複素数の四則では $a+bi$ の式にする．共役や絶対値でもこの式にしてから計算する．

(1) $\alpha+\beta = (1+2i)+(3+4i) = 4+6i$
(2) $\alpha-\beta = (1+2i)-(3+4i) = -2-2i$
(3) $\alpha\beta = (1+2i)(3+4i) = 3+10i+8i^2 = -5+10i$
(4) $\alpha^2 = (1+2i)^2 = 1+4i+4i^2 = -3+4i$
(5) $\dfrac{1}{\alpha} = \dfrac{1}{1+2i} = \dfrac{1-2i}{(1+2i)(1-2i)} = \dfrac{1-2i}{1-4i^2} = \dfrac{1-2i}{5}$
(6) $\dfrac{\alpha}{\beta} = \dfrac{1+2i}{3+4i} = \dfrac{(1+2i)(3-4i)}{(3+4i)(3-4i)} = \dfrac{3+2i-8i^2}{9-16i^2} = \dfrac{11+2i}{25}$
(7) $\bar{\alpha}+\bar{\beta} = (1-2i)+(3-4i) = 4-6i = \overline{\alpha+\beta}$
(8) $\bar{\alpha}\bar{\beta} = (1-2i)(3-4i) = 3-10i+8i^2 = -5-10i = \overline{\alpha\beta}$
(9) $\alpha\bar{\alpha} = (1+2i)(1-2i) = 1-4i^2 = 5 = \sqrt{1+4}^2 = |1+2i|^2 = |\alpha|^2$
(10) $|\alpha||\beta| = |1+2i||3+4i| = \sqrt{5}\times 5 = \sqrt{125} = |-5+10i| = |\alpha\beta|$

問 5.2 $a+bi$ に変形せよ．
 (1) $(1+2i)(2-3i)$　　(2) $(1-i)^3$　　(3) $\dfrac{2}{3+i}$
 (4) $\dfrac{3+2i}{4-i}$　　(5) $(1+4i)\overline{(3+4i)}$　　(6) $2+i\overline{(1-3i)}$

共役と絶対値について次が成り立つ．

公式 5.2 共役と絶対値の性質
(1) $\bar{\alpha}+\bar{\beta} = \overline{\alpha+\beta}$ (2) $\bar{\alpha}\bar{\beta} = \overline{\alpha\beta}$
(3) $\alpha\bar{\alpha} = |\alpha|^2$ (4) $|\alpha||\beta| = |\alpha\beta|$

[解説] (1), (2)では和や積の共役を分けたり，まとめたりする．(3)では共役と絶対値を結ぶ．(4)では積の絶対値を分けたり，まとめたりする．

[注意] 複素数には大小がない．不等式を考えると次のような誤りが現れる．
$0 < i$ または $0 > i$ ならば $0 < i^2 = -1$

5.2 複素平面

複素数を図に表す方法を考える．

複素数の積による回転に注目する．実数に -1 を掛ければ $180°$ 回転し，(-1) を 2 回，つまり $(-1)^2$ を掛ければ $360°$ 回転する（図 5.1）．よって $i^2 = -1$ なので，実数に虚数単位 i を掛ければ $90°$ 回転することになる（図 5.2）．そこで純虚数 bi は y 軸上に並び，一般の複素数 $a+bi$ は平面上に並ぶ．x 軸を**実軸**，y 軸を**虚軸**，xy 平面を**複素平面**という．

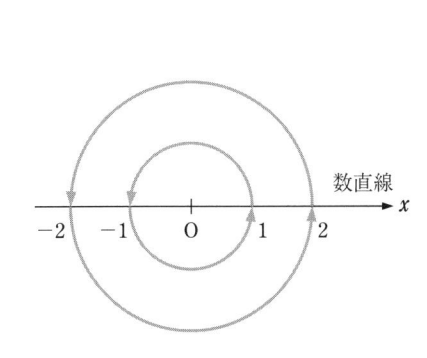

図 5.1 実数と -1 の積による回転．

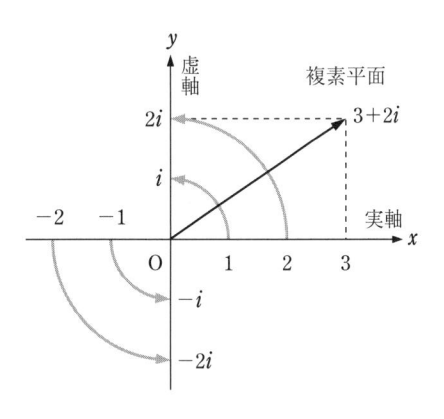

図 5.2 実数と i の積による回転．

● **複素数の絶対値と偏角**

複素数を平面上に図示する．

複素数 $\alpha = a+bi$ と平面上の点 $\mathrm{A}(a, b)$ を対応させる．そして原点 O から点 A に矢印を引いて複素数 α を表す．原点 O からの距離 r はピタゴラスの定理より複素数 α の絶対値 $|\alpha| = \sqrt{a^2+b^2}$ になる．中心角 $\theta = \angle \mathrm{AO}x$ を複素数 α の**偏角**といい，$\arg \alpha$ と書く．

これらをまとめておく．

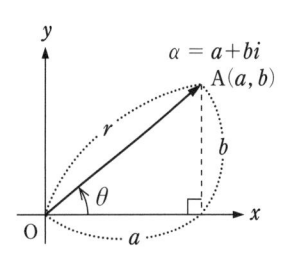

図 5.3 複素数の絶対値と偏角．

公式 5.3 複素数の絶対値と偏角
(1) $|\alpha| = \sqrt{a^2+b^2} = r$ (2) $\arg \alpha = \theta$

[解説] 複素数の絶対値は実部と虚部から，偏角は図から計算する．

例題 5.3 図を用いて偏角 θ $(0° \leqq \theta < 360°)$ を求めよ．

(1) i (2) $1+i$ (3) $-\sqrt{2}+\sqrt{2}\,i$

(4) $-1-\dfrac{1}{\sqrt{3}}i$ (5) $\dfrac{1}{2}-\dfrac{\sqrt{3}}{2}i$

[解] 直角三角形をかいて中心角を計算する．図には三角形の辺の比を記す．

(1) 図 5.4 より
$$\arg i = 90°$$

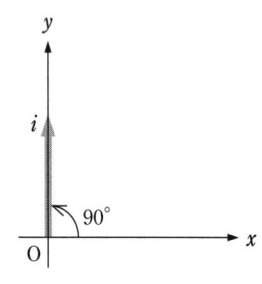

図 5.4 i の図示．

(2) 図 5.5 より
$$\arg(1+i) = 45°$$

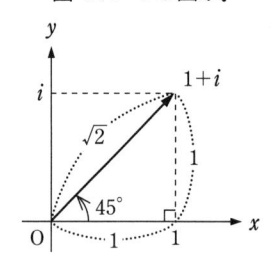

図 5.5 $1+i$ の図示．

(3) 図 5.6 より
$$\arg(-\sqrt{2}+\sqrt{2}\,i) = 135°$$

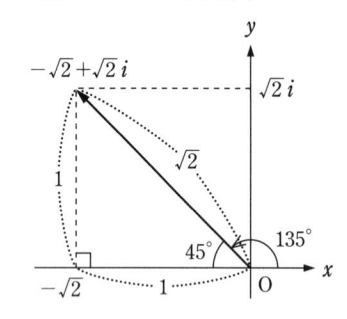

図 5.6 $-\sqrt{2}+\sqrt{2}\,i$ の図示．

(4) 図 5.7 より
$$\arg\left(-1-\dfrac{1}{\sqrt{3}}i\right) = 210°$$

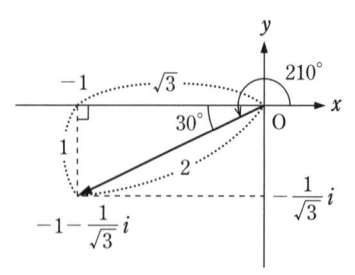

図 5.7 $-1-\dfrac{1}{\sqrt{3}}i$ の図示．

(5) 図 5.8 より

$$\arg\left(\frac{1}{2} - \frac{\sqrt{3}}{2}i\right) = 300°$$

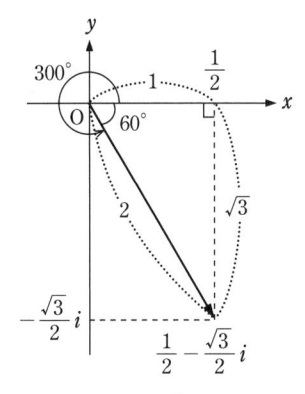

図 5.8 $\frac{1}{2} - \frac{\sqrt{3}}{2}i$ の図示.

問 5.3 図を用いて偏角 θ ($0° \leqq \theta < 360°$) を求めよ.

(1) $2\sqrt{2} + 2\sqrt{6}i$ (2) $-\dfrac{3\sqrt{3}}{2} + \dfrac{3}{2}i$

(3) $-\dfrac{2}{3} - \dfrac{2}{\sqrt{3}}i$ (4) $\dfrac{1}{\sqrt{2}} - \dfrac{1}{\sqrt{2}}i$

5.3 複素数の図示

複素数を図にかくと新しい性質が見えてくる.

複素数の共役,和,差,積を図にかく.

例題 5.4 図示せよ.
(1) $\alpha = 1+i$, $\bar{\alpha}$ (2) $\alpha = 1+2i$, $\beta = 2+i$, $\alpha+\beta$
(3) $\alpha = 1+2i$, $\beta = 2+i$, $\alpha-\beta$ (4) $\alpha = 1+i$, $\beta = -1+i$, $\alpha\beta$

解 複素数を図にかいて性質を調べる.

(1) $\alpha = 1+i$, $|\alpha| = \sqrt{1+1} = \sqrt{2}$, $\arg \alpha = 45°$
$\bar{\alpha} = 1-i$, $|\bar{\alpha}| = \sqrt{1+1} = \sqrt{2}$, $\arg \bar{\alpha} = -45°$
$|\bar{\alpha}| = |\alpha|$, $\arg \bar{\alpha} = -\arg \alpha$
複素数の共役は絶対値が等しく,偏角が (-1) 倍になる.

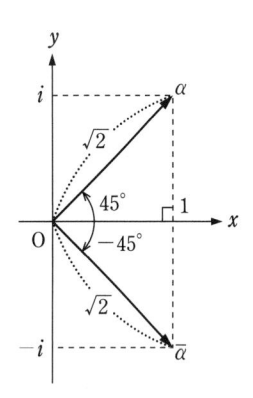

図 5.9 $\alpha = 1+i$, $\bar{\alpha}$ の図示.

(2) $\alpha = 1+2i$, $\beta = 2+i$
$\alpha + \beta = 1+2i+2+i = 3+3i$
複素数の和は平行四辺形の頂点になる（平行四辺形の法則）．
$|\alpha+\beta| \leq |\alpha|+|\beta|$
複素数の和の絶対値では三角不等式が成り立つ．

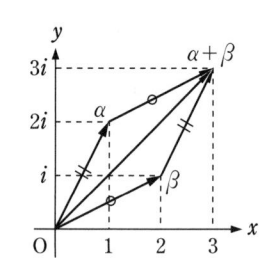

図 5.10 $\alpha = 1+2i$, $\beta = 2+i$, $\alpha+\beta$ の図示．

(3) $\alpha = 1+2i$, $\beta = 2+i$
$\alpha - \beta = 1+2i-(2+i) = -1+i$
複素数の差では後ろの文字から前の文字へ矢印を引く（尻取り）．
$|\alpha-\beta| = |-1+i| = \sqrt{1+1} = \sqrt{2}$
複素数の差の絶対値は複素数 α と β の距離になる．

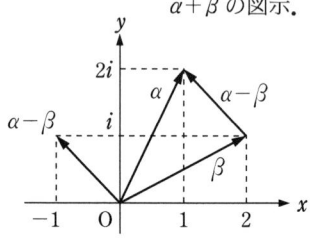

図 5.11 $\alpha = 1+2i$, $\beta = 2+i$, $\alpha-\beta$ の図示．

(4) $\alpha = 1+i$, $\beta = -1+i$
$\alpha\beta = (1+i)(-1+i) = -1+i^2 = -2$
$|\alpha||\beta| = \sqrt{1+1}\sqrt{1+1} = \sqrt{2}\sqrt{2} = 2 = |\alpha\beta|$
複素数の積の絶対値は各複素数の絶対値の積になる．
$\arg \alpha + \arg \beta = 45° + 135° = 180° = \arg \alpha\beta$
複素数の積の偏角は各複素数の偏角の和になる．

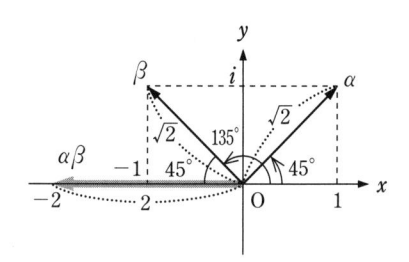

図 5.12 $\alpha = 1+i$, $\beta = -1+i$, $\alpha\beta$ の図示．

問 5.4 図示せよ．
  (1) $\alpha = -2+i$, $\beta = 1+3i$, $\alpha+\beta$
  (2) $\alpha = 3-i$, $\beta = -1-4i$, $\alpha-\beta$
  (3) $\alpha = -1-i$, α^2, α^3 (4) $\alpha = 2i$, $\beta = 1-i$, $\dfrac{\alpha}{\beta}$

以上より次が成り立つ．

公式 5.4 絶対値の性質
  (1) $|\bar{\alpha}| = |\alpha|$ (2) $|\alpha+\beta| \leq |\alpha|+|\beta|$
  (3) $|\alpha-\beta|$ は α と β の距離   (4) $|\alpha||\beta| = |\alpha\beta|$

[解説] (1)では共役の絶対値が等しくなる．(2)では和の絶対値で三角不等式が成り立つ．(3)では差の絶対値が距離になる．(4)では積の絶対値が各絶対値の積になる．

46 │ §5 複素数と計算

公式 5.5　偏角の性質

(1) $\arg \bar{\alpha} = -\arg \alpha$ 　　(2) $\arg \alpha + \arg \beta = \arg \alpha\beta$

(3) $n \arg \alpha = \arg \alpha^n$　（n は整数）　(4) $\arg \alpha - \arg \beta = \arg \dfrac{\alpha}{\beta}$

解説　(1)では共役の偏角が(-1)倍になる．(2)では積の偏角が各偏角の和になる．(3)ではn乗の偏角がn倍になる．(4)では商の偏角が各偏角の差になる．

練習問題 5

1. 公式 5.1 を用いて実部，虚部，共役，絶対値を求めよ．

(1) $-3-6i$ 　　(2) $-2+3i$

2. $a+bi$ に変形せよ．

(1) $(1-4i)(2+i)i$ 　　(2) $(1-2i)^2(1+i)$ 　　(3) $\dfrac{4i}{3-2i}$

(4) $\dfrac{4-3i}{5+2i}$ 　　(5) $\dfrac{\overline{1+5i}}{2-i}$

(6) $\overline{(3+5i)}(1-i) - (3+5i)\overline{(1-i)}$

3. 図を用いて偏角 θ $(0° \leqq \theta < 360°)$ を求めよ．

(1) $i(1+i)$ 　　(2) $(1-\sqrt{3}i)^2$

(3) $\dfrac{1}{\sqrt{3}+i}$ 　　(4) $\dfrac{1+i}{1-i}$

4. 図示せよ．

(1) $\alpha = 1+2i,\ \beta = 3+4i,\ \overline{\alpha+\beta}$

(2) $\alpha = -1-\sqrt{3}i,\ \beta = \sqrt{3}+i,\ \alpha\beta$

(3) $\alpha = 1-i,\ \dfrac{1}{\alpha},\ \dfrac{1}{\alpha^2}$ 　　(4) $\alpha = -1-i,\ \bar{\alpha},\ \alpha\bar{\alpha}$

解答

問 5.1　(1) $1,\ -2,\ 1+2i,\ \sqrt{5}$ 　　(2) $4,\ 3,\ 4-3i,\ 5$

問 5.2　(1) $8+i$ 　　(2) $-2-2i$ 　　(3) $\dfrac{3-i}{5}$ 　　(4) $\dfrac{10+11i}{17}$

　　　　(5) $19+8i$ 　　(6) $-1+i$

問 5.3　(1) $60°$ 　　(2) $150°$ 　　(3) $240°$ 　　(4) $315°$

問 5.4 (1) [図]   (2) [図]

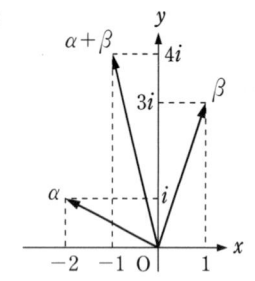

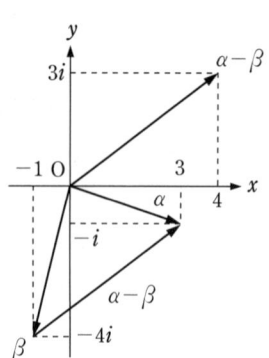

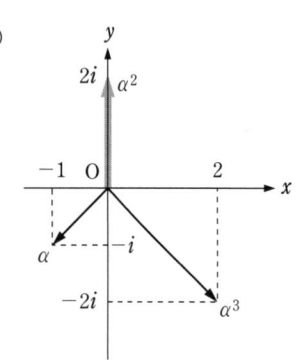

(3) [図]   (4) [図]

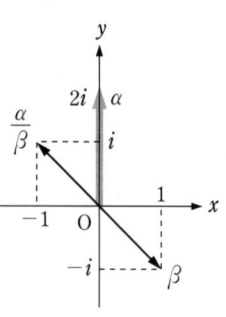

練習問題 5

1. (1) $-3,\ -6,\ -3+6i,\ 3\sqrt{5}$ (2) $-2,\ 3,\ -2-3i,\ \sqrt{13}$

2. (1) $7+6i$ (2) $1-7i$ (3) $\dfrac{-8+12i}{13}$

   (4) $\dfrac{14-23i}{29}$ (5) $\dfrac{7-9i}{5}$ (6) $-16i$

3. (1) $135°$ (2) $240°$ (3) $330°$ (4) $90°$

4. (1) [図]   (2) [図]

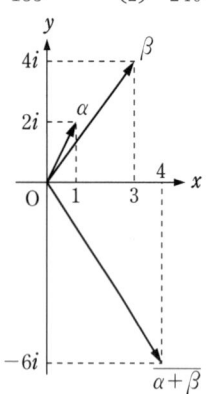

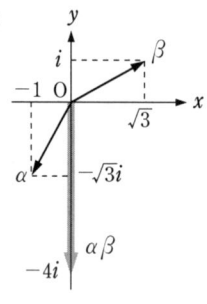

(3) [図]   (4) [図]

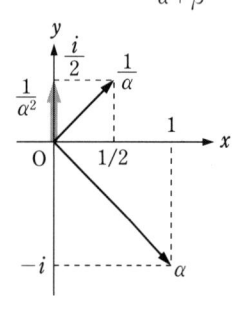

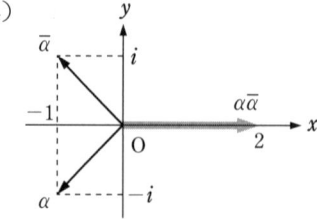

§6 関数の基礎

世の中には関係しながら変化する数量がある．たとえば時間と距離，年齢と身長や体重，値段と販売量などである．これらの変化の様子を調べる道具が関数である．ここでは関数を導入し，1次関数と2次関数について調べる．

6.1 関　数

関数とは何か考える．

変数によって表された式（方程式）を**関数**という．たとえば関数 $y = x^2+1$ のように変数 y が変数 x の式で $y = f(x)$ と表されるならば，x を**独立変数**（変数），y を**従属変数**（関数）という．変数以外の文字や数字を**定数**という．対応する変数 x と y の数値を並べると**表**になり，点の座標 (x, y) として平面上に並べると**グラフ**になる．

例1 関数の式と表とグラフをかく．

(1) 関数の式

$$y = x^2+1 = f(x)$$
従属変数　　独立変数

(2) 関数の表

表 6.1 $y = x^2+1$ の値．

x	$\cdots$	-2	-1	0	1	2	$\cdots$
y	$\cdots$	5	2	1	2	5	$\cdots$

(3) 関数のグラフ

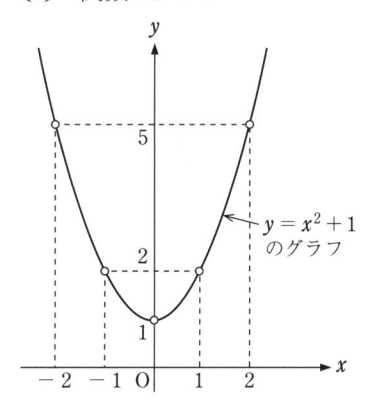

図 6.1 $y = x^2+1$ のグラフ．

関数を扱う上で基本的な計算は変数に数値や式を代入することである．

例題 6.1 関数 $f(x) = x^2+1$ のとき，$f(0), f(1), f(2), f\left(\dfrac{1}{2}\right), f\left(\dfrac{1}{x}\right),$ $f(x+1), f(x+h)-f(x), f(f(x))$ を求めよ．

解 関数 $f(x) = x^2+1$ の変数 x に数値や式を代入する．

$$f(0) = 0^2+1 = 1, \quad f(1) = 1^2+1 = 2, \quad f(2) = 2^2+1 = 5$$

$$f\left(\dfrac{1}{2}\right) = \left(\dfrac{1}{2}\right)^2+1 = \dfrac{5}{4}, \quad f\left(\dfrac{1}{x}\right) = \left(\dfrac{1}{x}\right)^2+1 = \dfrac{1}{x^2}+1$$

$$f(x+1) = (x+1)^2+1 = x^2+2x+2$$

$$f(x+h)-f(x) = (x+h)^2+1-(x^2+1)$$
$$= x^2+2hx+h^2+1-x^2-1 = 2hx+h^2$$

$$f(f(x)) = f(x^2+1) = (x^2+1)^2+1 = x^4+2x^2+2$$

問 6.1 $f(1)$, $f\left(\dfrac{1}{x}\right)$, $f(x+1)$, $f(x+h)-f(x)$, $f(f(x))$ を求めよ．

(1)　$f(x) = x-1$　　　(2)　$f(x) = x^2-x$

(3)　$f(x) = \dfrac{1}{x+1}$　　　(4)　$f(x) = \sqrt{x}$

[注意] 式 $f(x+1)$ や $f(x+h)$ で変数 x と 1 や h を離さない．関数 $f(x) = x^2+1$ では次のように書かない．正しくは例題 6.1 を見よ．

$f(x+1) = x^2+1+1$　✗　　　$f(x+h) = x^2+h+1$　✗

● 関数の分類

関数にもいろいろな種類がある．主な関数の分類をここに書く．

$$\text{関数}\begin{cases}\text{実関数}\begin{cases}\text{代数関数}\begin{cases}\text{有理関数}\begin{cases}n\,\text{次関数}\\(\text{多項式})\end{cases}\begin{cases}\text{定数関数}\quad y=a\\1\,\text{次関数}\quad y=ax+b\\2\,\text{次関数}\quad y=ax^2+bx+c\\\text{高次関数}\quad y=ax^3+bx^2+cx+d,\ \cdots\end{cases}\\\text{分数関数}\quad y=\dfrac{ax+b}{cx+d},\ y=\dfrac{ax^2+bx+c}{dx^2+ex+f},\ \cdots\end{cases}\\\text{無理関数}\quad y=\sqrt{ax+b},\ y=\sqrt{ax^2+bx+c},\ \cdots\end{cases}\\\text{超越関数}\quad y=a^x,\ y=\log_a x,\ y=\sin x,\ y=\sin^{-1}x,\ \cdots\end{cases}\\\text{複素関数}\quad y=2x+i,\ y=x^2+ix+3,\ y=e^{ix},\ \cdots\end{cases}$$

6.2 定数関数と1次関数

定数と1次式の関数を考える．

定数で表された（変数を含まない）関数を **定数関数** という．1次式 $ax+b$ で表された関数を **1次関数** という．グラフはどちらも直線で，定数関数は x 軸と平行になる．1次関数 $y = ax+b$ は直線の **傾き** が a，y 軸との交点の y 座標（**y 切片**）が b になる．傾き a の符号が正ならば，右上がりの直線になる．傾き a の符号が負ならば，右下がりの直線になる．傾きが $a=0$ ならば定数関数 $y=b$ となる．

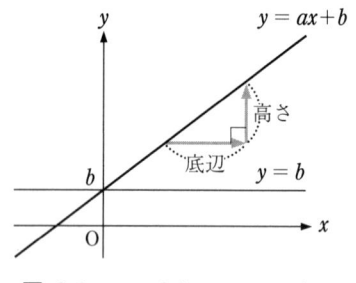

図 6.2　$y=b$ と $y=ax+b$ のグラフ．

$$y = ax+b, \qquad a = \dfrac{\text{高さ}}{\text{底辺}}$$
傾き　　y 切片

例題 6.2 表を作りグラフをかけ．表は $x = -2, -1, 0, 1, 2$ とし，(4) は $y = -2, -1, 0, 1, 2$ とせよ．

(1)　$y = 1$　　(2)　$y = 2x-1$　　(3)　$y = -x+2$　　(4)　$x = 2$

解　変数 x と y の数値を求めて表を作りグラフをかく．

(1) $y = 1$

表 6.2 $y = 1$ の値.

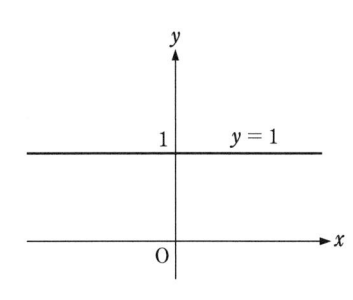

x	$\cdots$	-2	-1	0	1	2	$\cdots$
y	$\cdots$	1	1	1	1	1	$\cdots$

図 6.3 $y = 1$ のグラフ.

(2) $y = 2x - 1$

表 6.3 $y = 2x - 1$ の値.

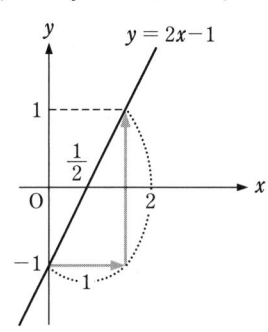

x	$\cdots$	-2	-1	0	1	2	$\cdots$
y	$\cdots$	-5	-3	-1	1	3	$\cdots$

図 6.4 $y = 2x - 1$ のグラフ.

(3) $y = -x + 2$

表 6.4 $y = -x + 2$ の値.

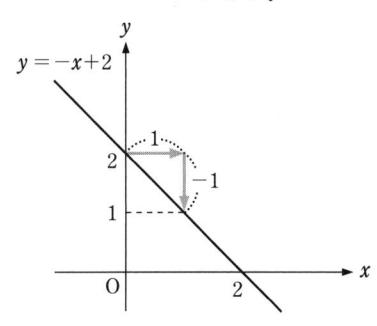

x	$\cdots$	-2	-1	0	1	2	$\cdots$
y	$\cdots$	4	3	2	1	0	$\cdots$

図 6.5 $y = -x + 2$ のグラフ.

(4) $x = 2$

この場合は y が独立変数,x が従属変数になる.

表 6.5 $x = 2$ の値.

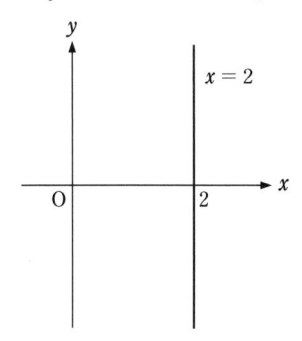

y	$\cdots$	-2	-1	0	1	2	$\cdots$
x	$\cdots$	2	2	2	2	2	$\cdots$

図 6.6 $x = 2$ のグラフ.

問 6.2 表を作りグラフをかけ.表は $x = -2, -1, 0, 1, 2$ とせよ.

(1) $y = -2x + 2$ (2) $y = x + 1$

(3) $y = -\dfrac{1}{3}x - \dfrac{1}{3}$ (4) $y = \dfrac{1}{2}x - \dfrac{3}{2}$

● 絶対値を含む関数

絶対値を含む式で表された 1 次関数を考える．
このときは絶対値に囲まれた式の符号を調べてグラフをかく．

> **例題 6.3** 公式 1.1 を用いてグラフをかけ．
> $$y = |x+1| - 1$$

解 絶対値の中にある式 $x+1$ の符号によって場合分けする．

- $x+1 = 0$ ならば $x = -1$ となる．このとき $|x+1| = 0$ より
$$y = -1$$
- $x+1 > 0$ ならば $x > -1$ となる．このとき $|x+1| = x+1$ より
$$y = x+1-1 = x$$
- $x+1 < 0$ ならば $x < -1$ となる．このとき $|x+1| = -(x+1)$ より
$$y = -x-1-1 = -x-2$$

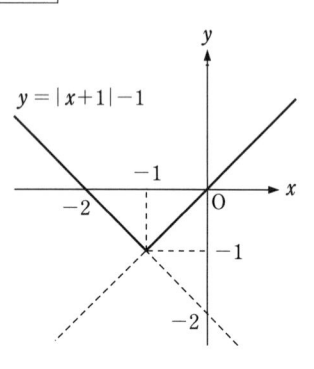

図 6.7 $y = |x+1| - 1$ のグラフ．

問 6.3 公式 1.1 を用いてグラフをかけ．
(1) $y = 2|x-2|$ 　　(2) $y = -|x+2| + 1$

6.3 2 次関数

2 次式の関数を考える．

2 次式 ax^2+bx+c で表された関数を **2 次関数** という．2 次関数のグラフは例 1 の $y = x^2+1$ で見たように **放物線** になる．係数 a の符号が正ならば下に凸になり，負ならば上に凸になる．放物線の対称軸を軸といい，軸と放物線との交点を頂点という．
$$y = ax^2+bx+c \quad (a \neq 0)$$

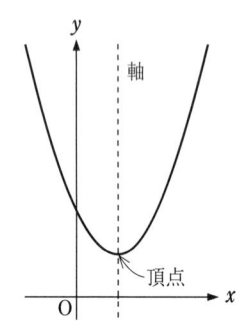

図 6.8 $a > 0$ の場合のグラフ．下に凸な放物線．

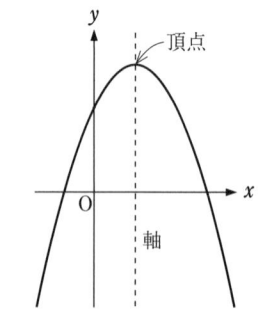

図 6.9 $a < 0$ の場合のグラフ．上に凸な放物線．

例題 **6.4** 表を作りグラフをかけ．表は各 x の値を用いよ．
(1) $y = x^2$ ($x = -2, -1, 0, 1, 2$)
(2) $y = -2(x-1)^2$ ($x = -1, 0, 1, 2, 3$)
(3) $y = \frac{1}{2}x^2 - 1$ ($x = -2, -1, 0, 1, 2$)
(4) $y = -(x+1)^2 + 2$ ($x = -3, -2, -1, 0, 1$)

解 変数 x と y の数値を求めて表を作りグラフをかく．

(1) $y = x^2$

表 **6.6** $y = x^2$ の値．

x	$\cdots$	-2	-1	0	1	2	$\cdots$
y	$\cdots$	4	1	0	1	4	$\cdots$

頂点 $(0,0)$，下に凸

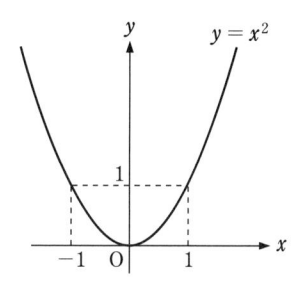

図 **6.10** $y = x^2$ のグラフ．

(2) $y = -2(x-1)^2$

表 **6.7** $y = -2(x-1)^2$ の値．

x	$\cdots$	-1	0	1	2	3	$\cdots$
y	$\cdots$	-8	-2	0	-2	-8	$\cdots$

頂点 $(1,0)$，上に凸

2次関数 $y = -2x^2$ のグラフを x 軸方向に 1 だけ平行移動する．

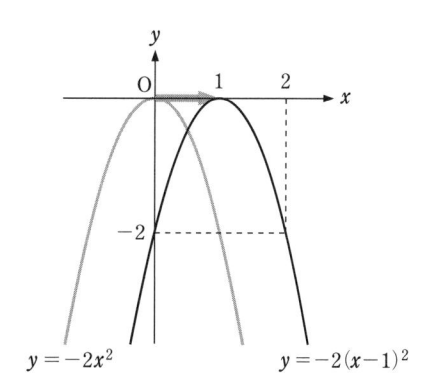

図 **6.11** $y = -2(x-1)^2$ のグラフ．

(3) $y = \frac{1}{2}x^2 - 1$

表 **6.8** $y = \frac{1}{2}x^2 - 1$ の値．

x	$\cdots$	-2	-1	0	1	2	$\cdots$
y	$\cdots$	1	$-\frac{1}{2}$	-1	$-\frac{1}{2}$	1	$\cdots$

頂点 $(0,-1)$，下に凸

2次関数 $y = \frac{1}{2}x^2$ のグラフを y 軸方向に -1 だけ平行移動する．

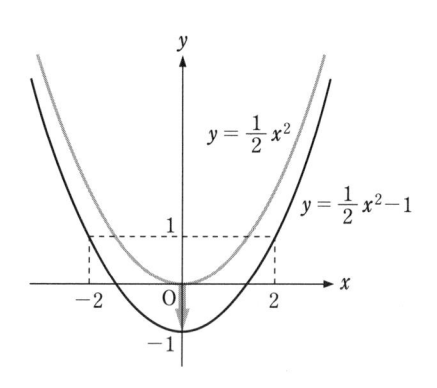

図 **6.12** $y = \frac{1}{2}x^2 - 1$ のグラフ．

(4)　$y = -(x+1)^2+2$

表 6.9　$y = -(x+1)^2+2$ の値．

x	$\cdots$	-3	-2	-1	0	1	$\cdots$
y	$\cdots$	-2	1	2	1	-2	$\cdots$

頂点 $(-1, 2)$，上に凸

2 次関数 $y = -x^2$ のグラフを x 軸方向に -1，y 軸方向に 2 だけ平行移動する．

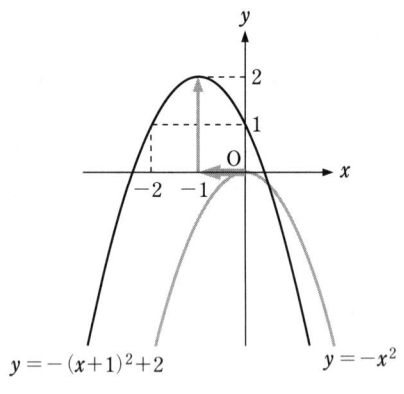

図 6.13　$y = -(x+1)^2+2$ のグラフ．

問 6.4　表を作りグラフをかけ．表は各 x の値を用いよ．

(1)　$y = -\dfrac{1}{2}x^2$　　$(x = -2, -1, 0, 1, 2)$

(2)　$y = (x-2)^2$　　$(x = 0, 1, 2, 3, 4)$

(3)　$y = -2x^2-3$　　$(x = -2, -1, 0, 1, 2)$

(4)　$y = \dfrac{1}{2}(x-1)^2-2$　　$(x = -1, 0, 1, 2, 3)$

● 平方完成

放物線の頂点を求める方法を考える．

例題 6.4 より次がわかる．

公式 6.1　2 次関数の標準形

$$y = a(x+p)^2+q$$

を 2 次関数の標準形という．2 次関数 $y = ax^2$ のグラフを x 軸方向に $-p$，y 軸方向に q だけ平行移動した放物線になる．頂点は $(-p, q)$ である．

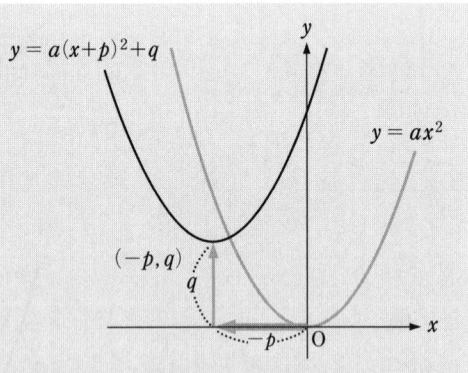

図 6.14　標準形 $y = a(x+p)^2+q$ と $y = ax^2$ のグラフ．

[解説] 2 次関数を標準形に直す（平方完成する）と頂点の座標が求まる．

平方完成には因数分解の式 $x^2+2px+p^2 = (x+p)^2$ を用いる．

例2 2次関数を平方完成する．

$$y = -x^2-2x+1$$
$$= -(x^2+2x)+1 \longleftarrow x^2 とxの項をまとめ，x^2の係数を括弧の外に出す．$$
$$= -(x^2+2x+1^2-1^2)+1 \leftarrow x^2+2px+p^2 の式を作る$$
$$= -(x+1)^2+1+1 \longleftarrow (x+p)^2 と変形する．$$
$$= -(x+1)^2+2$$

これは例題 6.4 (4) と等しくなる．

例題 6.5 平方完成してグラフをかけ．

(1)　$y = x^2+6x+10$　　(2)　$y = -\dfrac{1}{2}x^2+2x-1$

解 標準形に直して頂点の座標を求める．x^2の係数の符号から，上に凸か下に凸か調べてグラフをかく．

(1)　$y = x^2+6x+10$
$$= x^2+6x+3^2-3^2+10$$
$$= (x+3)^2+1$$

頂点 $(-3, 1)$，下に凸

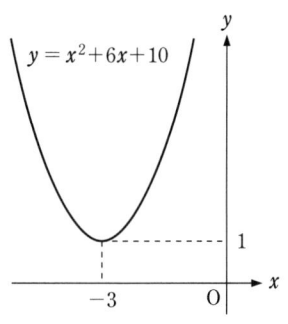

図 6.15　$y = x^2+6x+10$ のグラフ．

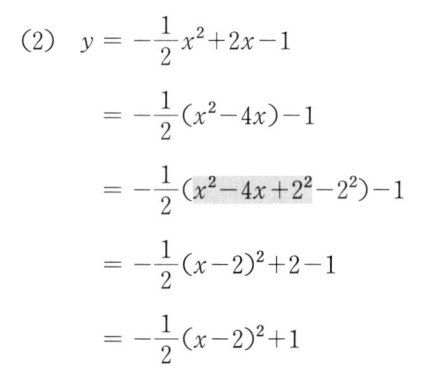

(2)　$y = -\dfrac{1}{2}x^2+2x-1$
$$= -\dfrac{1}{2}(x^2-4x)-1$$
$$= -\dfrac{1}{2}(x^2-4x+2^2-2^2)-1$$
$$= -\dfrac{1}{2}(x-2)^2+2-1$$
$$= -\dfrac{1}{2}(x-2)^2+1$$

頂点 $(2, 1)$，上に凸

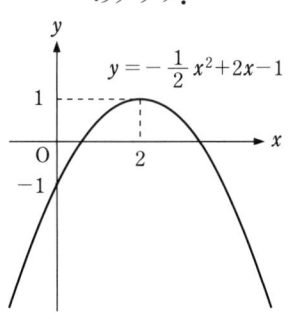

図 6.16　$y = -\dfrac{1}{2}x^2+2x-1$ のグラフ．

問 6.5 平方完成してグラフをかけ．

(1)　$y = -x^2-2x-3$　　(2)　$y = 2x^2-8x+5$

練習問題6

1. $f(1)$, $f\left(\dfrac{1}{x}\right)$, $f(x+1)$, $f(x+h)-f(x)$, $f(f(x))$ を求めよ．

(1) $f(x)=2x+1$ (2) $f(x)=x^2+x+1$

(3) $f(x)=x+\dfrac{1}{x}$ (4) $f(x)=\dfrac{1}{\sqrt{x+1}}$

2. 表を作りグラフをかけ．表は $x=-2,-1,0,1,2$ とせよ．

(1) $y=3-x$ (2) $y=4x+2$

(3) $y=-\dfrac{1}{2}x-\dfrac{1}{4}$ (4) $y=3x-\dfrac{1}{2}$

3. 公式1.1を用いてグラフをかけ．

(1) $y=-|2x+2|-1$ (2) $y=|-x+1|-2$

4. 表を作りグラフをかけ．表は各 x の値を用いよ．

(1) $y=2x^2$ $(x=-2,-1,0,1,2)$

(2) $y=-\dfrac{1}{2}(x+1)^2$ $(x=-3,-2,-1,0,1)$

(3) $y=x^2+2$ $(x=-2,-1,0,1,2)$

(4) $y=-2(x+2)^2+1$ $(x=-4,-3,-2,-1,0)$

5. 平方完成してグラフをかけ．

(1) $y=2x^2-12x+20$ (2) $y=-\dfrac{1}{2}x^2-x+2$

(3) $y=\dfrac{1}{2}x^2+3x+\dfrac{1}{2}$ (4) $y=-2x^2+8x-10$

解答

問 6.1 (1) 0, $\dfrac{1}{x}-1$, x, h, $x-2$

(2) 0, $\dfrac{1}{x^2}-\dfrac{1}{x}$, x^2+x, $2hx+h^2-h$, x^4-2x^3+x

(3) $\dfrac{1}{2}$, $\dfrac{1}{\frac{1}{x}+1}=\dfrac{x}{x+1}$, $\dfrac{1}{x+2}$, $\dfrac{1}{x+h+1}-\dfrac{1}{x+1}$, $\dfrac{1}{\frac{1}{x+1}+1}=\dfrac{x+1}{x+2}$

(4) 1, $\sqrt{\dfrac{1}{x}}=\dfrac{1}{\sqrt{x}}$, $\sqrt{x+1}$, $\sqrt{x+h}-\sqrt{x}$, $\sqrt{\sqrt{x}}=\sqrt[4]{x}$

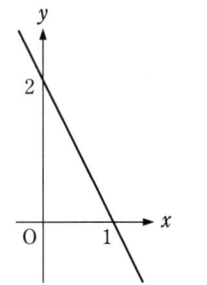

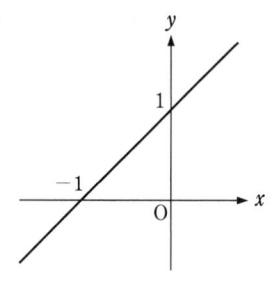

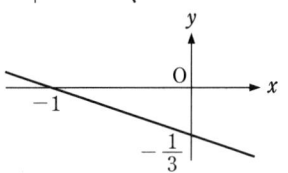

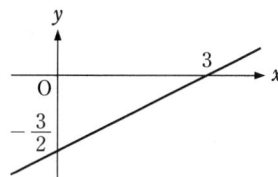

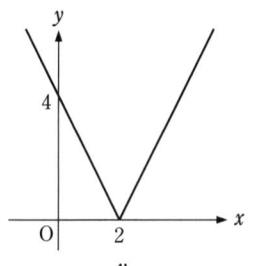

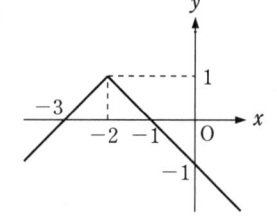

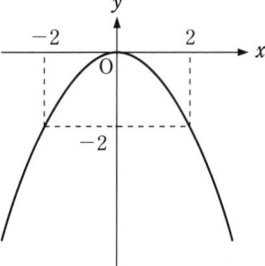

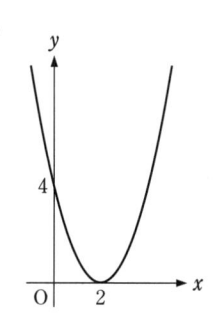

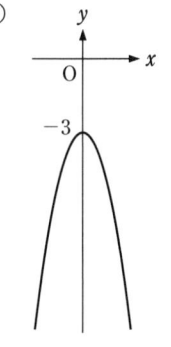

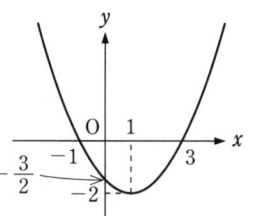

問 6.2 (1) (2) (3) (4)

問 6.3 (1) (2)

問 6.4 (1) (2) (3) (4)

問 6.5 (1) $y=-(x+1)^2-2$ (2) $y=2(x-2)^2-3$

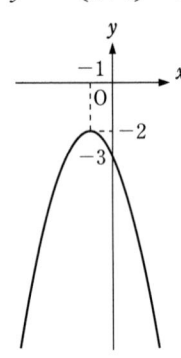

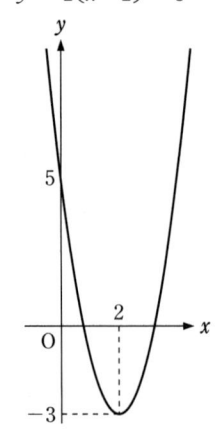

練習問題 6

1. (1) 3, $\dfrac{2}{x}+1$, $2x+3$, $2h$, $4x+3$

(2) 3, $\dfrac{1}{x^2}+\dfrac{1}{x}+1$, x^2+3x+3, $2hx+h^2+h$, $x^4+2x^3+4x^2+3x+3$

(3) 2, $\dfrac{1}{x}+x$, $x+1+\dfrac{1}{x+1}$, $h+\dfrac{1}{x+h}-\dfrac{1}{x}$, $x+\dfrac{1}{x}+\dfrac{x}{x^2+1}$

(4) $\dfrac{1}{\sqrt{2}}$, $\dfrac{1}{\sqrt{\dfrac{1}{x}+1}}=\dfrac{\sqrt{x}}{\sqrt{1+x}}$, $\dfrac{1}{\sqrt{x+2}}$, $\dfrac{1}{\sqrt{x+h+1}}-\dfrac{1}{\sqrt{x+1}}$,

$\dfrac{1}{\sqrt{\dfrac{1}{\sqrt{x+1}}+1}}=\dfrac{\sqrt[4]{x+1}}{\sqrt{1+\sqrt{x+1}}}$

2. (1) (2) 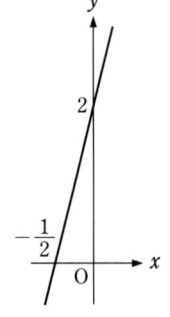 (3) 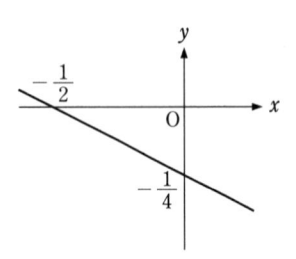 (4)

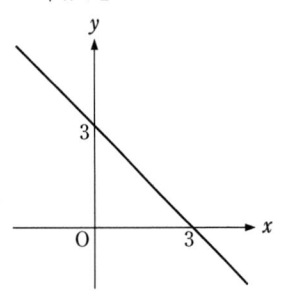

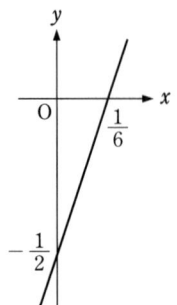

3. (1) [graph] (2) [graph]

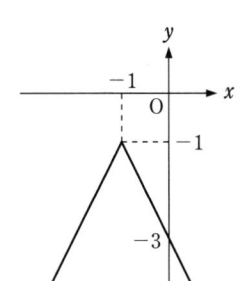

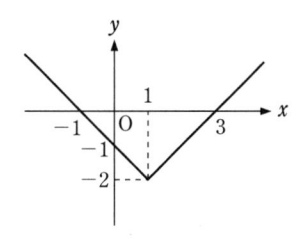

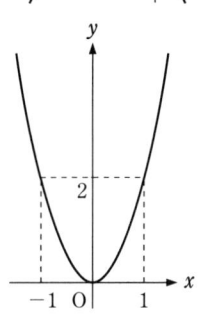

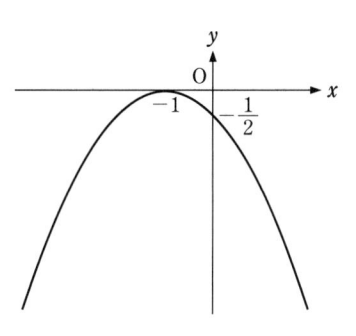

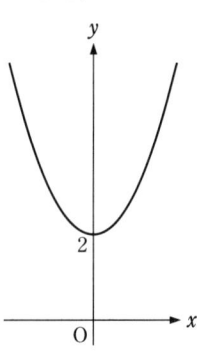

4. (1) [graph] (2) [graph] (3) [graph] (4) [graph]

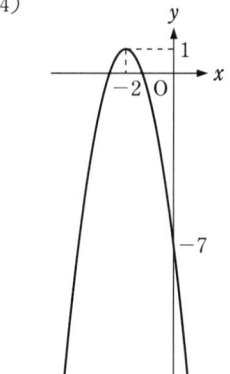

5. (1) $y = 2(x-3)^2 + 2$

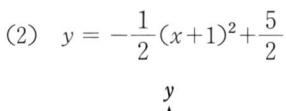

(2) $y = -\dfrac{1}{2}(x+1)^2 + \dfrac{5}{2}$

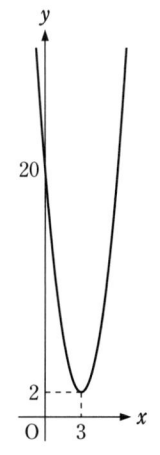

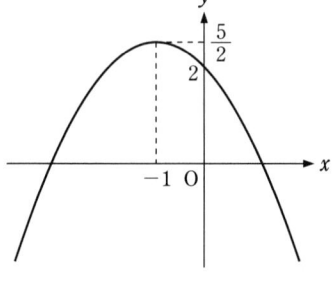

(3) $y = \dfrac{1}{2}(x+3)^2 - 4$ (4) $y = -2(x-2)^2 - 2$

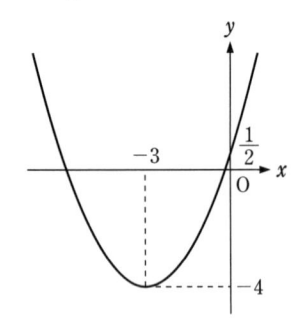

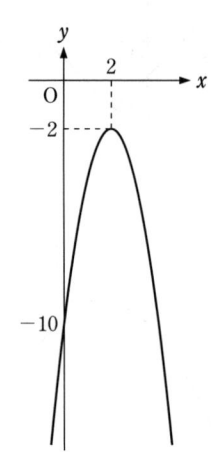

§7 いろいろな関数

1次関数と2次関数に続いて，ここでは3次関数や4次関数などの n 次関数や分数式から作った分数関数，根号を含む無理関数を取り上げる．そしてそれらの性質を調べてグラフをかく．

7.1 n 次関数（多項式）

n 次式の関数を考える．

n 次式（整式，多項式）で表された関数を **n 次関数**（整関数，多項式）という．まず n 次関数 $y = kx^n$ から見る．

> **例題 7.1** 表を作りグラフをかけ．表は $x = -2, -1, 0, 1, 2$ とせよ．
> (1) $y = 2x^3$　　(2) $y = \dfrac{1}{3}x^4$

解 変数 x と y の数値を求めて表を作りグラフをかく．

(1) $y = 2x^3$

表 7.1 $y = 2x^3$ の値．

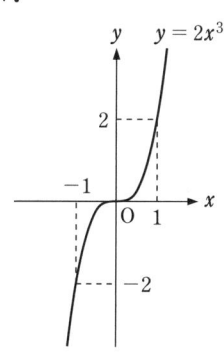

x	$\cdots$	-2	-1	0	1	2	$\cdots$
y	$\cdots$	-16	-2	0	2	16	$\cdots$

図 7.1 $y = 2x^3$ のグラフ．

(2) $y = \dfrac{1}{3}x^4$

表 7.2 $y = \dfrac{1}{3}x^4$ の値．

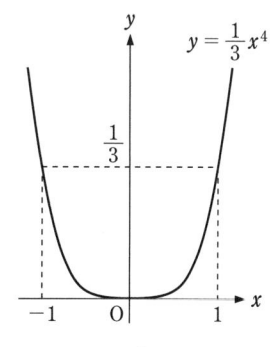

x	$\cdots$	-2	-1	0	1	2	$\cdots$
y	$\cdots$	$\dfrac{16}{3}$	$\dfrac{1}{3}$	0	$\dfrac{1}{3}$	$\dfrac{16}{3}$	$\cdots$

図 7.2 $y = \dfrac{1}{3}x^4$ のグラフ．

問 7.1 表を作りグラフをかけ．表は $x = -2, -1, 0, 1, 2$ とせよ．
(1) $y = \dfrac{1}{2}x^5$　　(2) $y = 3x^6$

[注意] n 次関数 $y = kx^n$ で n が奇数ならばグラフは 3 次関数 $y = kx^3$ と似た形になる．n が偶数ならばグラフは 4 次関数 $y = kx^4$ と似た形になる．

● n 次関数（多項式）のグラフ

一般の n 次関数（多項式）について考える．

n 次関数の符号を調べて表を作り，グラフをかく．

> **例題 7.2** 符号の表を作りグラフをかけ．
> (1) $y = x^3 - 3x^2 - x + 3$ (2) $y = x^3 - x^2 - x + 1$

[解] まず右辺を 0 とおき方程式に直して実数解を求めてから，式の符号を調べる．それを用いてグラフをかく．

(1) $y = x^3 - 3x^2 - x + 3 = 0$ とおくと

$(x+1)(x-1)(x-3) = 0$

$x = \pm 1, 3$

表 7.3 $y = x^3 - 3x^2 - x + 3$ の符号．

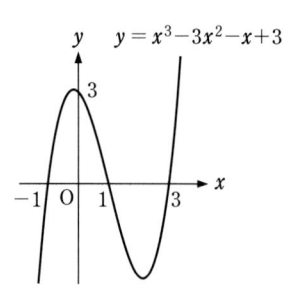

x	$\cdots$	-1	$\cdots$	1	$\cdots$	3	$\cdots$
y	$-$	0	$+$	0	$-$	0	$+$

← $y = 0$ となる実数 x を書く．
← y の符号と 0 を書く．$+$ と 0 と $-$ が隣り合う．

図 7.3 $y = x^3 - 3x^2 - x + 3$ のグラフ．

(2) $y = x^3 - x^2 - x + 1 = 0$ とおくと

$(x+1)(x-1)^2 = 0$

$x = -1, 1$ （1 は 2 重解）

表 7.4 $y = x^3 - x^2 - x + 1$ の符号．

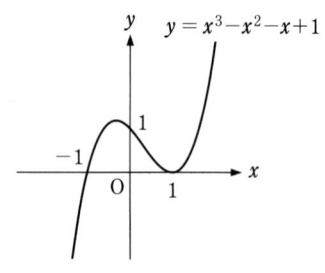

x	$\cdots$	-1	$\cdots$	1	$\cdots$
y	$-$	0	$+$	0	$+$

← 2 重解なので $+$ と 0 と $+$ が隣り合う．

図 7.4 $y = x^3 - x^2 - x + 1$ のグラフ．

> **問 7.2** 符号の表を作りグラフをかけ．
> (1) $y = x^3 + x$ (2) $y = x^3 + 3x^2 - 4$

[注意] 変数 y の符号は $x = a$ で $y = 0$ ならば 0 をはさんで $+$ と $-$ が隣り合う．ただし，y の式を因数分解して偶数乗 $(x-a)^2, (x-a)^4, (x-a)^6, \cdots$ があれば $+$ と $+$，$-$ と $-$ が隣り合う．正確にグラフをかくには微分を用いる．

7.2 グラフの移動

関数のグラフを移動する．

関数 $y = f(x)$ のグラフを**対称移動**や**平行移動**して，方程式やグラフがどうなるか調べる．

公式 7.1 関数のグラフの移動

関数 $y = f(x)$ のグラフを移動したとき，方程式は次のようになる．

(1) x 軸に関して対称移動．
 $y = -f(x)$

(2) y 軸に関して対称移動．
 $y = f(-x)$

(3) 原点に関して対称移動．
 $y = -f(-x)$

(4) x 軸方向に p，y 軸方向に q だけ平行移動．
 $y = f(x-p) + q$

[解説] グラフを移動すると x 座標や y 座標が変化して方程式も変わる．(1) では $y \to -y$ より $-y = f(x)$ から $y = -f(x)$ となる．(2) では $x \to -x$ より $y = f(-x)$ となる．(3) では (1) と (2) を合わせて $y = -f(-x)$ となる．(4) では $x \to x-p$, $y \to y-q$ より $y-q = f(x-p)$ から $y = f(x-p) + q$ となる．

例題 7.3
関数 $y = x+1$ のグラフを移動したとき，公式 7.1 を用いて方程式を求めグラフをかけ．

(1) x 軸に関して対称移動．
(2) y 軸に関して対称移動．
(3) 原点に関して対称移動．
(4) x 軸方向に 3，y 軸方向に 2 だけ平行移動．

[解] 関数 $y = f(x) = x+1$ の変数を取りかえて方程式を求め，グラフをかく．

(1) $y = -f(x) = -(x+1) = -x-1$

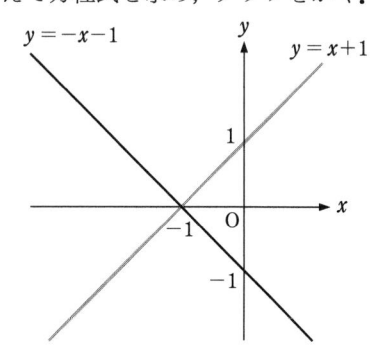

図 7.5 $y = -x-1$ のグラフ．

(2)　$y = f(-x) = -x+1$

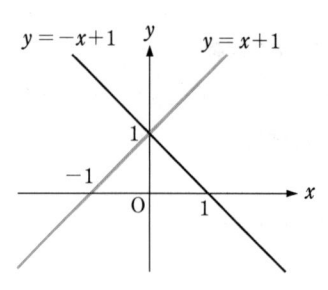

図 7.6　$y = -x+1$ のグラフ.

(3)　$y = -f(-x) = -(-x+1) = x-1$

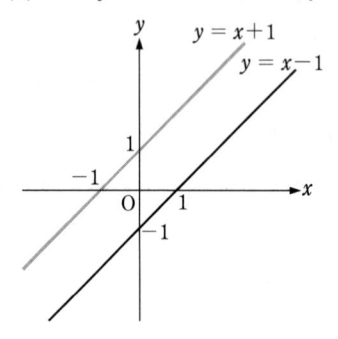

図 7.7　$y = x-1$ のグラフ.

(4)　$y = f(x-3)+2 = (x-3)+1+2 = x$

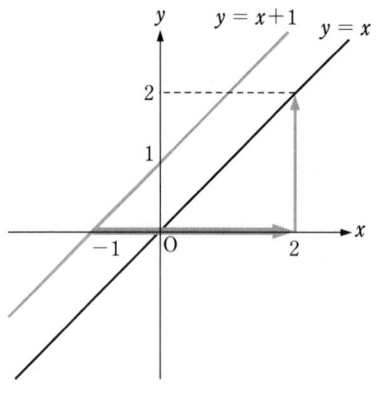

図 7.8　$y = x$ のグラフ.

問 7.3　関数 $y = -2x+2$ のグラフを移動したとき，公式 7.1 を用いて方程式を求めグラフをかけ．
(1)　x 軸に関して対称移動．
(2)　y 軸に関して対称移動．
(3)　原点に関して対称移動．
(4)　x 軸方向に -3，y 軸方向に 4 だけ平行移動．

7.3　分 数 関 数

分数式の関数を考える．

分数式で表された関数を**分数関数**という．これらの関数のグラフは原点から離れると，次第に一定の直線 (漸近線) に近づく．まず分数関数 $y = \dfrac{k}{x^n}$ から

見る．

> **例題 7.4** 表を作りグラフをかけ．表は $x = -2, -1, 0, 1, 2$ とせよ．
> (1) $y = \dfrac{2}{x}$　　(2) $y = \dfrac{1}{3x^2}$

解 変数 x と y の数値を求めて表を作りグラフをかく．

(1) $y = \dfrac{2}{x}$

表 7.5 $y = \dfrac{2}{x}$ の値．

x	⋯	-2	-1	0	1	2	⋯
y	⋯	-1	-2	$\pm\infty$	2	1	⋯

$x = 0$ ならば分母 $= 0$ なので y の値はない．この場合は符号に応じて無限大 $\pm\infty$ になる．

漸近線は x 軸，y 軸．

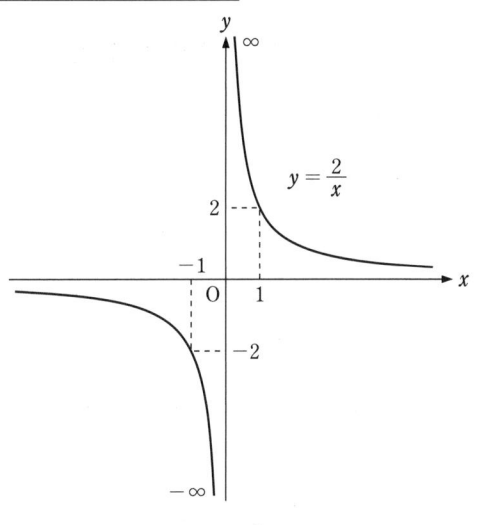

図 7.9 $y = \dfrac{2}{x}$ のグラフ．

(2) $y = \dfrac{1}{3x^2}$

表 7.6 $y = \dfrac{1}{3x^2}$ の値．

x	⋯	-2	-1	0	1	2	⋯
y	⋯	$\dfrac{1}{12}$	$\dfrac{1}{3}$	∞	$\dfrac{1}{3}$	$\dfrac{1}{12}$	⋯

$x = 0$ ならば分母 $= 0$ なので y の値はない．この場合は $x^2 > 0$ なので無限大 ∞ になる．

漸近線は x 軸，y 軸．

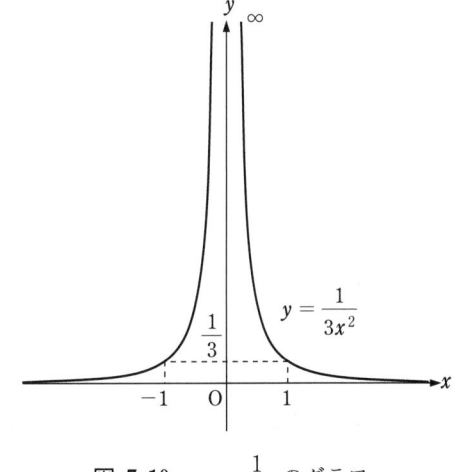

図 7.10 $y = \dfrac{1}{3x^2}$ のグラフ．

問 7.4 表を作りグラフをかけ．表は $x = -2, -1, 0, 1, 2$ とせよ．
(1) $y = \dfrac{1}{2x^3}$　　(2) $y = \dfrac{3}{x^4}$

注意 分数関数 $y = \dfrac{k}{x^n}$ で n が奇数ならばグラフは分数関数 $y = \dfrac{k}{x}$ と似た形になる．n が偶数ならばグラフは分数関数 $y = \dfrac{k}{x^2}$ と似た形になる．

● グラフの移動

分数関数のグラフを移動する．

分数関数 $y = \dfrac{k}{x}$ のグラフを対称移動や平行移動して，方程式やグラフがどうなるか調べる．

> **公式 7.2　分数関数のグラフの移動**
>
> 分数関数 $y = \dfrac{k}{x}$ のグラフを移動したとき，方程式は次のようになる．
>
> (1) x 軸に関して対称移動．
> $$y = -\dfrac{k}{x}$$
>
> (2) y 軸に関して対称移動．
> $$y = -\dfrac{k}{x}$$
>
> (3) 原点に関して対称移動．
> $$y = \dfrac{k}{x}$$
>
> (4) x 軸方向に p，y 軸方向に q だけ平行移動．
> $$y = \dfrac{k}{x-p} + q$$

[解説] グラフを移動すると x 座標や y 座標が変化して方程式も変わる．(1) では $y \to -y$ より $-y = \dfrac{k}{x}$ から $y = -\dfrac{k}{x}$ となる．(2) では $x \to -x$ より $y = \dfrac{k}{-x} = -\dfrac{k}{x}$ となり，(1) に等しくなる．(3) では (1) と (2) を合わせて $y = -\dfrac{k}{-x} = \dfrac{k}{x}$ となり，移動前と等しくなる．(4) では $x \to x-p$，$y \to y-q$ より $y-q = \dfrac{k}{x-p}$ から $y = \dfrac{k}{x-p} + q$ となる．

> **例題 7.5**　公式 7.2 を用いて方程式を求め，グラフを移動してかけ．
>
> (1) 関数 $y = \dfrac{1}{x}$ のグラフを x 軸に関して対称移動．
>
> (2) 関数 $y = -\dfrac{1}{x}$ のグラフを x 軸方向に -1，y 軸方向に 2 だけ平行移動．

[解] 関数 $y = \pm\dfrac{1}{x}$ の変数を取りかえて方程式を求める．グラフは漸近線からかく．

(1) $y = f(x) = \dfrac{1}{x}$

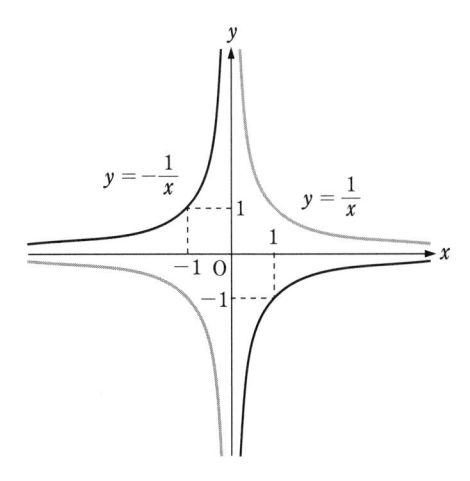

$y = -f(x) = -\dfrac{1}{x}$

関数 $y = \dfrac{1}{x}$ のグラフを y 軸に関して対称移動しても同じになる．

漸近線は x 軸，y 軸．

図 7.11 $y = -\dfrac{1}{x}$ のグラフ．

(2) $y = f(x) = -\dfrac{1}{x}$

$y = f(x+1)+2 = -\dfrac{1}{x+1}+2$

漸近線は $x = -1$, $y = 2$.

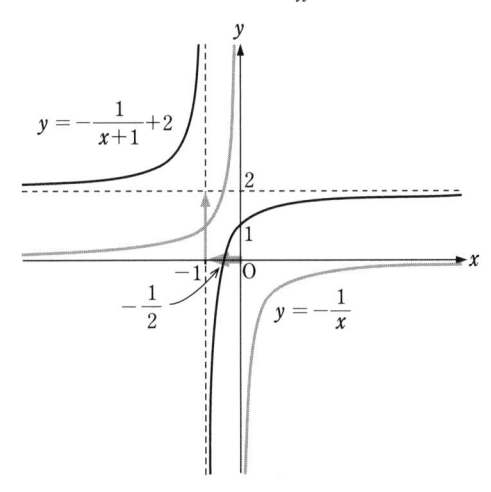

図 7.12 $y = -\dfrac{1}{x+1}+2$ のグラフ．

問 7.5 公式 7.2 を用いて方程式を求め，グラフを移動してかけ．

(1) 関数 $y = \dfrac{1}{x}$ のグラフを x 軸方向に 1 だけ平行移動．

(2) 関数 $y = -\dfrac{1}{x}$ のグラフを y 軸方向に -2 だけ平行移動．

[注意] 分数関数 $y = \dfrac{ax+b}{cx+d}$ は除法を用いて $y = \dfrac{k}{x-p}+q$ と変形してからグラフをかく．次は例題 7.5 (2) の解と等しくなる．

$$y = \dfrac{2x+1}{x+1} = \dfrac{(x+1)2-1}{x+1} = 2 - \dfrac{1}{x+1} = -\dfrac{1}{x+1}+2$$

$$\begin{array}{r} 2 \\ x+1\overline{)2x+1} \\ \underline{2x+2} \\ -1 \end{array}$$

7.3 分 数 関 数

7.4 無 理 関 数

無理式の関数を考える．

根号（n乗根）を含む式で表された関数を**無理関数**という．まず無理関数 $y = \sqrt[n]{ax}$ から見る．

> **例題 7.6** 表を作りグラフをかけ．表は各 x の値を用いよ．
> (1) $y = \sqrt{3x}$ $(x = 0, 3, 12, 27)$
> (2) $y = \sqrt[3]{\dfrac{x}{2}}$ $(x = -16, -2, 0, 2, 16)$

解 変数 x と y の数値を求めて表を作りグラフをかく．

(1) $y = \sqrt{3x} \ (= \sqrt[2]{3x}) \quad (x \geq 0)$

表 7.7 $y = \sqrt{3x}$ の値．

x	0	3	12	27	$\cdots$
y	0	3	6	9	$\cdots$

関数 $y = \dfrac{x^2}{3}$ のグラフ（放物線）を右横にした上半分になる．

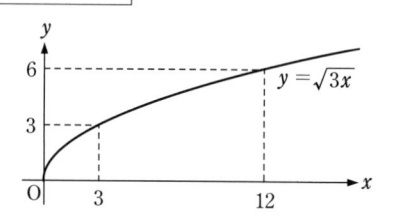

図 7.13 $y = \sqrt{3x}$ のグラフ．

(2) $y = \sqrt[3]{\dfrac{x}{2}}$

表 7.8 $y = \sqrt[3]{\dfrac{x}{2}}$ の値．

x	$\cdots$	-16	-2	0	2	16	$\cdots$
y	$\cdots$	-2	-1	0	1	2	$\cdots$

関数 $y = 2x^3$ のグラフ（例題 7.1(1)）を横にした形になる．

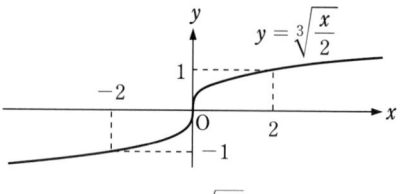

図 7.14 $y = \sqrt[3]{\dfrac{x}{2}}$ のグラフ．

> **問 7.6** 表を作りグラフをかけ．表は各 x の値を用いよ．
> (1) $y = \sqrt[4]{\dfrac{x}{3}}$ $(x = 0, 3, 48, 243)$
> (2) $y = \sqrt[5]{2x}$ $\left(x = -16, -\dfrac{1}{2}, 0, \dfrac{1}{2}, 16\right)$

注意 無理関数 $y = \sqrt[n]{ax}$ で n が奇数ならばグラフは無理関数 $y = \sqrt[3]{ax}$ と似た形になる．n が偶数ならばグラフは無理関数 $y = \sqrt{ax}$ と似た形になる．

● グラフの移動

無理関数のグラフを移動する．

無理関数 $y = \sqrt{ax}$ のグラフを対称移動や平行移動して，方程式やグラフがどうなるか調べる．

> **公式 7.3 無理関数のグラフの移動**
> 無理関数 $y = \sqrt{ax}$ $(y = -\sqrt{ax})$ のグラフを移動したとき，方程式は

次のようになる．
- (1) x軸に関して対称移動．
  $y = -\sqrt{ax}$ 　　　　　$(y = \sqrt{ax})$
- (2) y軸に関して対称移動．
  $y = \sqrt{-ax}$ 　　　　　$(y = -\sqrt{-ax})$
- (3) 原点に関して対称移動．
  $y = -\sqrt{-ax}$ 　　　　　$(y = \sqrt{-ax})$
- (4) x軸方向にp，y軸方向にqだけ平行移動．
  $y = \sqrt{a(x-p)}+q$ 　　　　　$(y = -\sqrt{a(x-p)}+q)$

[解説] グラフを移動するとx座標やy座標が変化して方程式も変わる．(1)では$y \to -y$ より $-y = \pm\sqrt{ax}$ から $y = \mp\sqrt{ax}$ となる．(2)では $x \to -x$ より $y = \pm\sqrt{a(-x)} = \pm\sqrt{-ax}$ となる．(3)では(1)と(2)を合わせて $y = \mp\sqrt{-ax}$ となる．(4)では $x \to x-p$，$y \to y-q$ より $y-q = \pm\sqrt{a(x-p)}$ から $y = \pm\sqrt{a(x-p)}+q$ となる．

例題 7.7 公式7.3を用いて方程式を求め，グラフを移動してかけ．
- (1) 関数 $y = \sqrt{x}$ のグラフをy軸に関して対称移動．
- (2) 関数 $y = \sqrt{-x}$ のグラフをx軸に関して対称移動．
- (3) 関数 $y = -\sqrt{-x}$ のグラフをx軸方向に1，y軸方向に-2だけ平行移動．

[解] 関数 $y = \pm\sqrt{\pm x}$ の変数を取りかえて方程式を求める．グラフは放物線の頂点からかく．

(1) 　$y = f(x) = \sqrt{x}$
　　　$y = f(-x) = \sqrt{-x}$

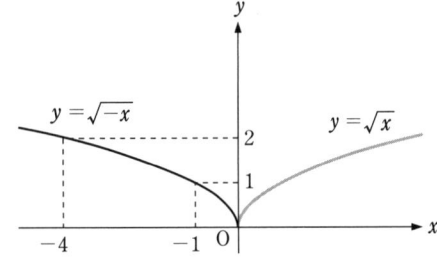

図 7.15 　$y = \sqrt{-x}$ のグラフ．

(2) 　$y = f(x) = \sqrt{-x}$
　　　$y = -f(x) = -\sqrt{-x}$

関数 $y = \sqrt{x}$ のグラフを原点に関して対称移動しても同じになる．

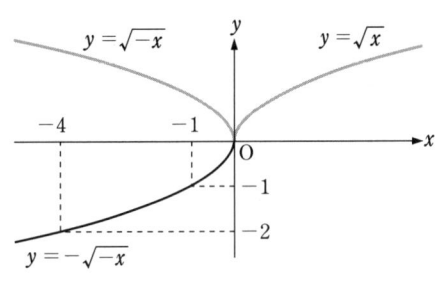

図 7.16 　$y = -\sqrt{-x}$ のグラフ．

(3) $y=f(x)=-\sqrt{-x}$

$y=f(x-1)-2=-\sqrt{-(x-1)}-2=-\sqrt{-x+1}-2$

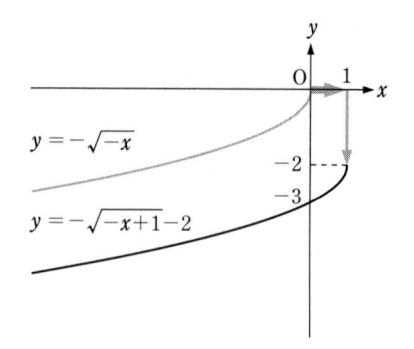

図 7.17 $y=-\sqrt{-x+1}-2$ のグラフ.

> **問 7.7** 公式 7.3 を用いて方程式を求め，グラフを移動してかけ．
>
> (1) 関数 $y=\sqrt{x}$ のグラフを x 軸に関して対称移動．
>
> (2) 関数 $y=\sqrt{-x}$ のグラフを y 軸方向に 1 だけ平行移動．

[注意] 無理関数 $y=\pm\sqrt{ax+b}+q$ は $y=\pm\sqrt{a(x-p)}+q$ と変形してからグラフをかく．次は例題 7.3 (3) の解と等しくなる．

$$y=-\sqrt{1-x}-2=-\sqrt{-(x-1)}-2$$

練習問題 7

1. 表を作りグラフをかけ．表は $x=-2,-1,0,1,2$ とせよ．

  (1) $y=-\dfrac{1}{3}x^3$　　(2) $y=-2x^4$

2. 符号の表を作りグラフをかけ．

  (1) $y=x^4-5x^2+4$　　(2) $y=x^4-3x^3+2x^2$

  (3) $y=x^4-2x^2+1$　　(4) $y=x^4-x^3$

3. 関数 $y=x^2-2x$ のグラフを移動したとき，公式 7.1 を用いて方程式を求めグラフをかけ．

  (1) x 軸に関して対称移動．

  (2) y 軸に関して対称移動．

  (3) 原点に関して対称移動．

  (4) x 軸方向に -1，y 軸方向に 1 だけ平行移動．

4. 表を作りグラフをかけ．表は $x=-2,-1,0,1,2$ とせよ．

  (1) $y=-\dfrac{2}{x^2}$　　(2) $y=-\dfrac{1}{3x^3}$

5. 公式 7.2 を用いて方程式を求め，グラフを移動してかけ．

  (1) 関数 $y=\dfrac{1}{x}$ のグラフを x 軸方向に -1，y 軸方向に -1 だけ平行移

(2) 関数 $y = \dfrac{1}{x}$ のグラフを x 軸方向に -2, y 軸方向に 1 だけ平行移動.

(3) 関数 $y = -\dfrac{1}{x}$ のグラフを x 軸方向に 2, y 軸方向に 2 だけ平行移動.

(4) 関数 $y = -\dfrac{1}{x}$ のグラフを x 軸方向に 1, y 軸方向に -2 だけ平行移動.

6. 表を作りグラフをかけ．表は各 x の値を用いよ．

(1) $y = \sqrt[3]{-3x}$ $\left(x = -9, -\dfrac{1}{3}, 0, \dfrac{1}{3}, 9\right)$

(2) $y = \sqrt[4]{-\dfrac{x}{2}}$ $(x = -162, -32, -2, 0)$

7. 公式 7.3 を用いて方程式を求め，グラフを移動してかけ．

(1) 関数 $y = \sqrt{x}$ のグラフを x 軸方向に -3, y 軸方向に -2 だけ平行移動.

(2) 関数 $y = -\sqrt{x}$ のグラフを x 軸方向に -1, y 軸方向に 2 だけ平行移動.

(3) 関数 $y = \sqrt{-x}$ のグラフを x 軸方向に 1, y 軸方向に -1 だけ平行移動.

(4) 関数 $y = -\sqrt{-x}$ のグラフを x 軸方向に 2, y 軸方向に 3 だけ平行移動.

解答

問 7.1 (1) (2)

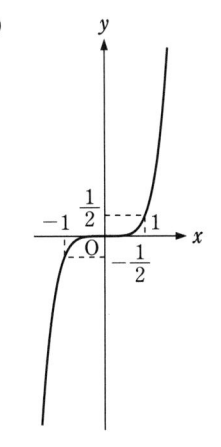

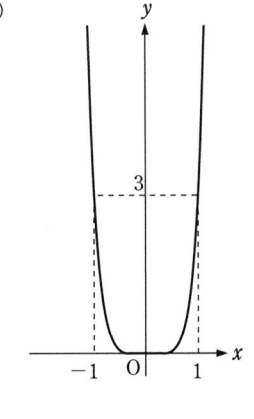

問 7.2 (1)

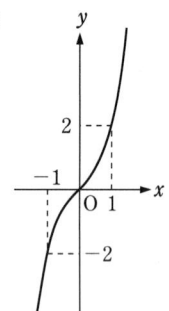

(2)

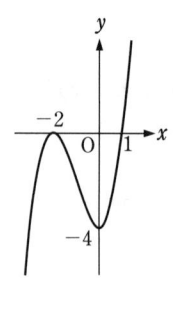

問 7.3 (1) $y = 2x - 2$

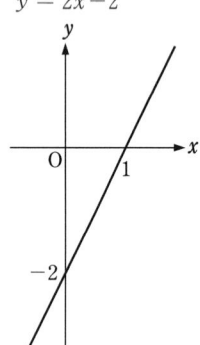

(2) $y = 2x + 2$

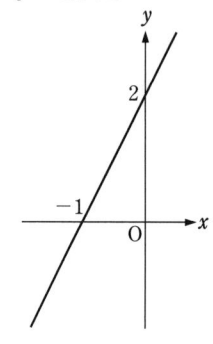

(3) $y = -2x - 2$

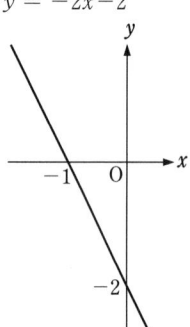

(4) $y = -2x$

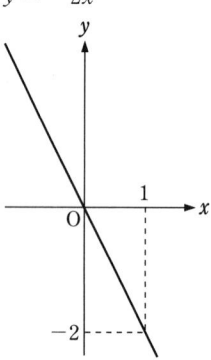

問 7.4 (1)

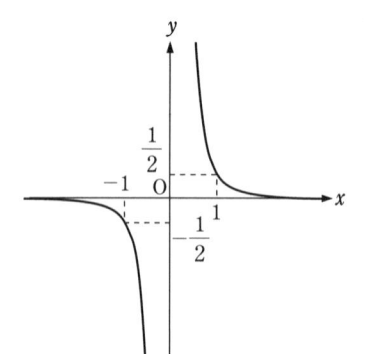

(2)

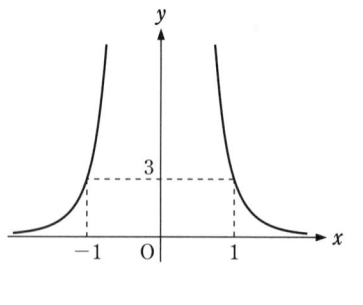

問 7.5 (1) $y = \dfrac{1}{x-1}$ (2) $y = -\dfrac{1}{x} - 2$

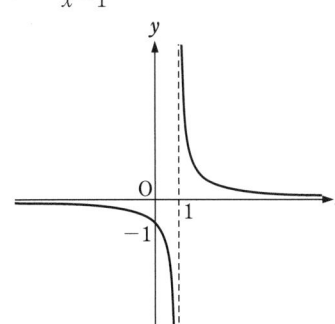

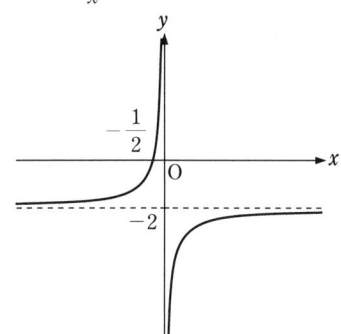

問 7.6 (1) 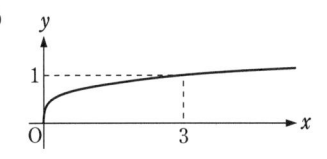   (2)

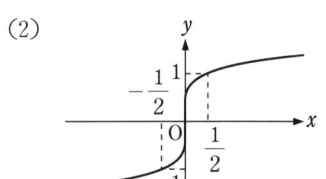

問 7.7 (1) $y = -\sqrt{x}$ 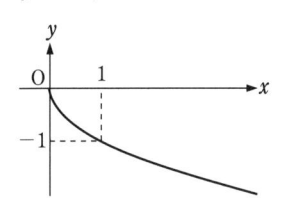   (2) $y = \sqrt{-x} + 1$

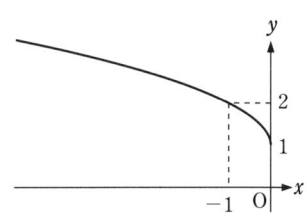

練習問題 7

1. (1)   (2)

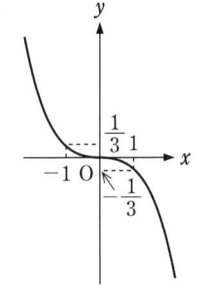

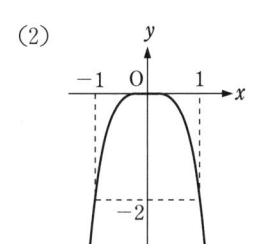

2. (1) 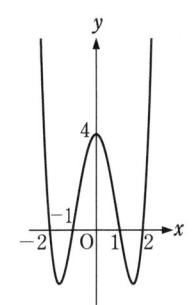   (2)

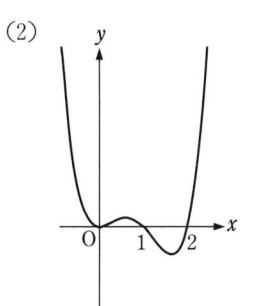

(3)

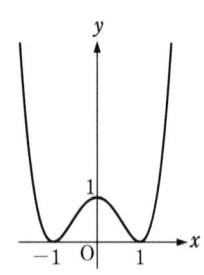

(4)

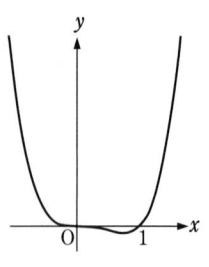

3. (1) $y = -x^2 + 2x$ 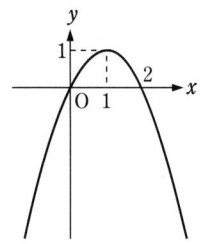   (2) $y = x^2 + 2x$

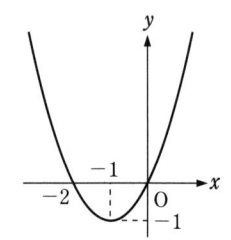

(3) $y = -x^2 - 2x$ 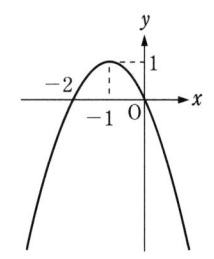   (4) $y = x^2$

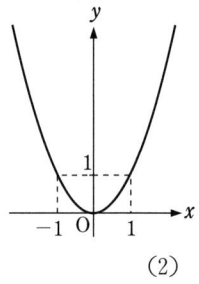

4. (1) 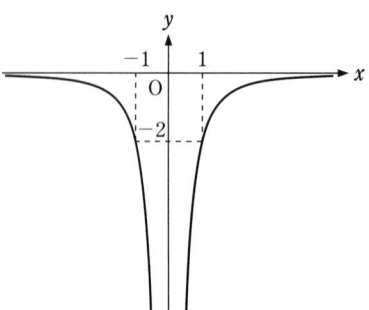   (2)

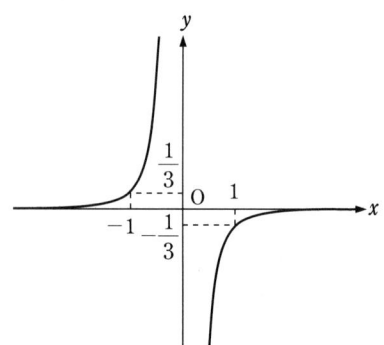

5. (1) $y = \dfrac{1}{x+1} - 1$

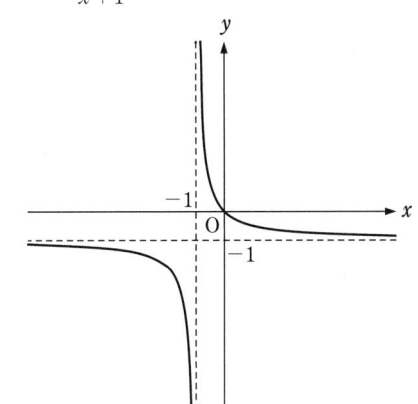

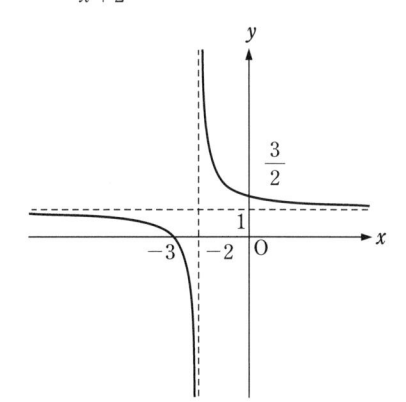

(2) $y = \dfrac{1}{x+2} + 1$

(3) $y = -\dfrac{1}{x-2} + 2$

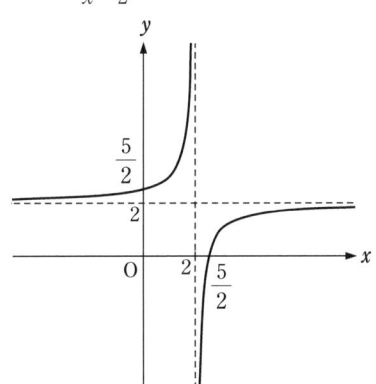

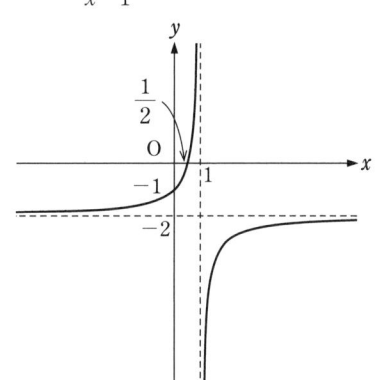

(4) $y = -\dfrac{1}{x-1} - 2$

6. (1)

(2)

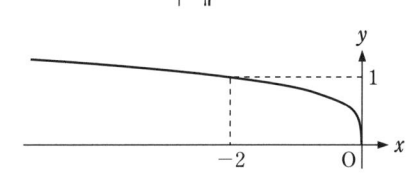

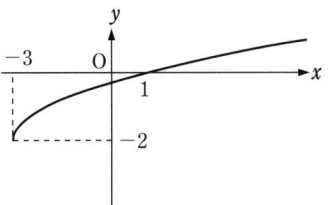

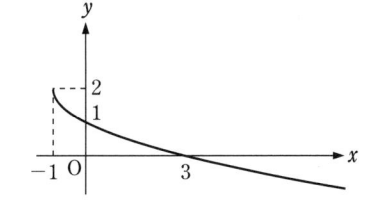

7. (1) $y = \sqrt{x+3} - 2$

(2) $y = -\sqrt{x+1} + 2$

(3) $y = \sqrt{-x+1} - 1$

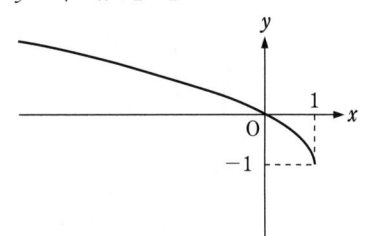

(4) $y = -\sqrt{-x+2} + 3$

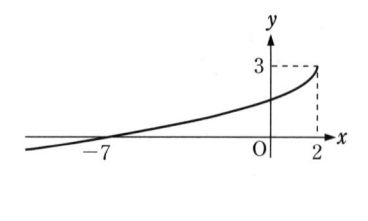

§8 指 数 関 数

指数を用いて関数を作る．ここでは負の数や分数の指数を考え，性質を調べる．そして指数関数を導入し，グラフをかく．

8.1 指 数 の 拡 張

いろいろな指数を考える．

指数を負の数や分数に広げると，逆数や根号が現れる．まず**指数**と**底**を導入する．a の累乗（べき）を次のように書く．

$$\underset{\text{底}}{a}{}^{\overset{\text{指数}}{p}}$$

● **0 と負の指数**

指数を 0 や負の数にするとどうなるか見ていく．

$a \neq 0$ のとき，累乗 $a^0, a^{-1}, a^{-2}, \cdots$ などを求める．

例 1 0 や負の指数の意味を考える．

a を掛けると指数が増え，a で割ると減る．これより 0 や負の指数を導入する．

$$\cdots, \ \frac{1}{a^3} = a^{-3}, \ \frac{1}{a^2} = a^{-2}, \ \frac{1}{a} = a^{-1}, \ 1 = a^0, \ a = a^1, \ a^2, \ a^3, \ \cdots$$

図 8.1 0 と負の指数．

これをまとめておく．

公式 8.1 0 と負の指数

$a \neq 0$ のとき $a^0 = 1, \ \dfrac{1}{a^n} = a^{-n}$

[解説] 0 乗すると 1 になる．逆数は負の指数になる．

例 2 公式 8.1 を用いて指数を計算する．

(1) $1^0 = 2^0 = 3^0 = 4^0 = 5^0 = \left(\dfrac{1}{2}\right)^0 = \sqrt{3}^0 = (-1)^0 = (-2)^0 = 1$

(2) $\dfrac{1}{2} = 2^{-1}, \ \dfrac{1}{9} = \dfrac{1}{3^2} = 3^{-2}, \ \dfrac{1}{8} = \dfrac{1}{2^3} = 2^{-3}$

> **例題 8.1** 公式 8.1 を用いて a^p に変形せよ．
> (1) $\dfrac{1}{a}$ (2) $\dfrac{1}{a^3}$

[解] 分母の指数に (-1) を掛ける．

(1) $\dfrac{1}{a} = \dfrac{1}{a^1} = a^{-1}$ (2) $\dfrac{1}{a^3} = a^{-3}$

問 8.1 公式 8.1 を用いて a^p に変形せよ．
(1) 1 (2) $\dfrac{1}{a^7}$ (3) $\left(\dfrac{1}{a}\right)^4$ (4) $\dfrac{1}{a^{-5}}$

● **分数の指数**

指数を分数にするとどうなるか見ていく．
$a > 0$ のとき，累乗 $a^{\frac{1}{2}}, a^{\frac{1}{4}}, a^{\frac{1}{8}}, \cdots$ などを求める．

[例3] 分数の指数の意味を考える．

2乗すると指数が2倍になり，平方根を求めると $\dfrac{1}{2}$ 倍になる．これより分数の指数を導入する．

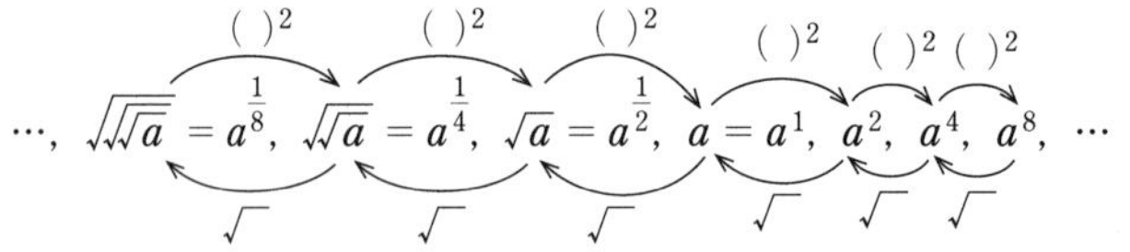

$$\cdots, \sqrt{\sqrt{\sqrt{a}}} = a^{\frac{1}{8}}, \sqrt{\sqrt{a}} = a^{\frac{1}{4}}, \sqrt{a} = a^{\frac{1}{2}}, a = a^1, a^2, a^4, a^8, \cdots$$

図 8.2 分数の指数．

これをまとめておく．

> **公式 8.2 分数の指数**
> $a > 0$ のとき $\sqrt[n]{a} = a^{\frac{1}{n}}, \sqrt[n]{a^m} = \sqrt[n]{a}^m = a^{\frac{m}{n}}$

[解説] 根号 $\sqrt[n]{}$ は $\dfrac{1}{n}$ 乗になる．根号 $\sqrt[n]{}^m$ は $\dfrac{m}{n}$ 乗になる．

[注意] $\sqrt{a} = a^{\frac{1}{2}} = \sqrt[2]{a}, \sqrt{\sqrt{a}} = a^{\frac{1}{4}} = \sqrt[4]{a}, \sqrt{\sqrt{\sqrt{a}}} = a^{\frac{1}{8}} = \sqrt[8]{a}$ が成り立つ．

[例4] 公式 8.1, 8.2 を用いて指数を計算する．

(1) $\sqrt{2} = 2^{\frac{1}{2}}, \sqrt[3]{5} = 5^{\frac{1}{3}}, \sqrt[4]{3} = 3^{\frac{1}{4}}$

(2) $\sqrt{8} = \sqrt{2^3} = 2^{\frac{3}{2}}, \sqrt[3]{9} = \sqrt[3]{3^2} = 3^{\frac{2}{3}}, \sqrt[4]{25} = \sqrt[4]{5^2} = 5^{\frac{2}{4}} = 5^{\frac{1}{2}}$

(3) $\dfrac{1}{\sqrt{2}} = \dfrac{1}{2^{\frac{1}{2}}} = 2^{-\frac{1}{2}}$, $\dfrac{1}{\sqrt[3]{25}} = \dfrac{1}{\sqrt[3]{5^2}} = \dfrac{1}{5^{\frac{2}{3}}} = 5^{-\frac{2}{3}}$,

$\dfrac{1}{\sqrt[4]{8}} = \dfrac{1}{\sqrt[4]{2^3}} = \dfrac{1}{2^{\frac{3}{4}}} = 2^{-\frac{3}{4}}$

例題 8.2 公式 8.1, 8.2 を用いて a^p に変形せよ．

(1) $\sqrt{a}$　　(2) $\sqrt[3]{a}$　　(3) $\sqrt{a^5}$

(4) $\sqrt[3]{a^4}$　　(5) $\dfrac{1}{\sqrt{a^3}}$　　(6) $\dfrac{1}{\sqrt[3]{a^2}}$

解 根号 $\sqrt[n]{\ }$ を $\dfrac{1}{n}$ 乗に書きかえる．分母の指数に (-1) を掛ける．

(1) $\sqrt{a} = a^{\frac{1}{2}}$　　(2) $\sqrt[3]{a} = a^{\frac{1}{3}}$　　(3) $\sqrt{a^5} = a^{\frac{5}{2}}$

(4) $\sqrt[3]{a^4} = a^{\frac{4}{3}}$　　(5) $\dfrac{1}{\sqrt{a^3}} = \dfrac{1}{a^{\frac{3}{2}}} = a^{-\frac{3}{2}}$

(6) $\dfrac{1}{\sqrt[3]{a^2}} = \dfrac{1}{a^{\frac{2}{3}}} = a^{-\frac{2}{3}}$

問 8.2 公式 8.1, 8.2 を用いて a^p に変形せよ．

(1) $\sqrt[3]{a^5}$　　(2) $\dfrac{1}{\sqrt[4]{a^6}}$　　(3) $\sqrt[5]{\dfrac{1}{a^2}}$　　(4) $\dfrac{1}{\sqrt[7]{a^{-3}}}$

8.2 指 数 法 則

指数の性質を調べる．

指数の計算では指数法則を用いる．

公式 8.3 指数法則

(1) $a^p a^q = a^{p+q}$　　(2) $\dfrac{a^p}{a^q} = a^{p-q}$　　(3) $(a^p)^q = a^{pq}$

(4) $(ab)^p = a^p b^p$　　(5) $\left(\dfrac{a}{b}\right)^p = \dfrac{a^p}{b^p} = a^p b^{-p}$

解説　(1) では積が指数の和になる．(2) では商が指数の差になる．(3) では指数を重ねると指数の積になる．(4), (5) では積や商で指数をまとめたり，分けたりする．

例題 8.3 公式 8.1〜8.3 を用いて a^p か $a^p b^q$ に変形せよ．

(1) $a^2 a^3$　　(2) $a\sqrt{a}$　　(3) $\dfrac{a^2}{a^4}$　　(4) $\dfrac{\sqrt{a}}{a^2}$

(5) $(a^2)^3$　　(6) $\sqrt[3]{\sqrt{a}}$　　(7) $(a^2 b^3)^2$　　(8) $\sqrt{a^3 b^5}$

(9) $\left(\dfrac{a^5}{b^4}\right)^3$ 　　(10) $\sqrt[3]{\dfrac{a^4}{b^2}}$

解 分母や根号を指数に直してから指数法則を用いる．

(1) $a^2 a^3 = a^5$ 　　(2) $a\sqrt{a} = a^1 a^{\frac{1}{2}} = a^{\frac{3}{2}}$

(3) $\dfrac{a^2}{a^4} = a^{-2}$ 　　(4) $\dfrac{\sqrt{a}}{a^2} = \dfrac{a^{\frac{1}{2}}}{a^2} = a^{-\frac{3}{2}}$

(5) $(a^2)^3 = a^6$ 　　(6) $\sqrt[3]{\sqrt{a}} = (a^{\frac{1}{2}})^{\frac{1}{3}} = a^{\frac{1}{6}}$

(7) $(a^2 b^3)^2 = a^4 b^6$ 　　(8) $\sqrt{a^3 b^5} = (a^3 b^5)^{\frac{1}{2}} = a^{\frac{3}{2}} b^{\frac{5}{2}}$

(9) $\left(\dfrac{a^5}{b^4}\right)^3 = \dfrac{a^{15}}{b^{12}} = a^{15} b^{-12}$ 　　(10) $\sqrt[3]{\dfrac{a^4}{b^2}} = \left(\dfrac{a^4}{b^2}\right)^{\frac{1}{3}} = \dfrac{a^{\frac{4}{3}}}{b^{\frac{2}{3}}} = a^{\frac{4}{3}} b^{-\frac{2}{3}}$

問 8.3 公式 8.1〜8.3 を用いて a^p か $a^p b^q$ に変形せよ．

(1) $\sqrt{a}\,\sqrt[3]{a^2}$ 　　(2) $\dfrac{\sqrt[3]{a}}{\sqrt[4]{a^3}}$ 　　(3) $\sqrt{a\sqrt[3]{a}}$

(4) $\sqrt{ab^3}\,\sqrt[4]{a^5 b}$

例題 8.4 公式 8.1〜8.3 を用いて値を求めよ．

(1) $2^2 2^{-3}$ 　　(2) $\sqrt{27}\,\sqrt[4]{9}$ 　　(3) $\dfrac{2^{-4}}{2^{-2}}$ 　　(4) $\dfrac{\sqrt{27}}{\sqrt[3]{81}}$

(5) $(2^3)^{-2}$ 　　(6) $\sqrt[4]{\sqrt[3]{81}}$ 　　(7) $6^3 \left(\dfrac{1}{15}\right)^2$ 　　(8) $\sqrt[3]{45}\,\sqrt[6]{\dfrac{5}{3}}$

解 分母や根号を指数に直してから指数法則を用いる．

(1) $2^2 2^{-3} = 2^{-1} = \dfrac{1}{2}$

(2) $\sqrt{27}\,\sqrt[4]{9} = 3^{\frac{3}{2}} 3^{\frac{2}{4}} = 3^{\frac{4}{2}} = 3^2 = 9$

(3) $\dfrac{2^{-4}}{2^{-2}} = 2^{-2} = \dfrac{1}{2^2} = \dfrac{1}{4}$

(4) $\dfrac{\sqrt{27}}{\sqrt[3]{81}} = \dfrac{3^{\frac{3}{2}}}{3^{\frac{4}{3}}} = 3^{\frac{1}{6}} = \sqrt[6]{3}$

(5) $(2^3)^{-2} = 2^{-6} = \dfrac{1}{2^6} = \dfrac{1}{64}$

(6) $\sqrt[4]{\sqrt[3]{81}} = (3^{\frac{4}{3}})^{\frac{1}{4}} = 3^{\frac{1}{3}} = \sqrt[3]{3}$

(7) $6^3 \left(\dfrac{1}{15}\right)^2 = 2^3 3^3 \dfrac{1}{3^2 5^2} = \dfrac{2^3 3}{5^2} = \dfrac{24}{25}$

(8) $\sqrt[3]{45}\sqrt[6]{\dfrac{5}{3}} = 45^{\frac{1}{3}}\left(\dfrac{5}{3}\right)^{\frac{1}{6}} = (3^2\times 5)^{\frac{1}{3}}\dfrac{5^{\frac{1}{6}}}{3^{\frac{1}{6}}} = \dfrac{3^{\frac{2}{3}}5^{\frac{1}{3}}5^{\frac{1}{6}}}{3^{\frac{1}{6}}}$

$\qquad\qquad = 3^{\frac{1}{2}}5^{\frac{1}{2}} = 15^{\frac{1}{2}} = \sqrt{15}$

問 8.4 公式 8.1〜8.3 を用いて値を求めよ．

(1) $\sqrt[3]{4^4}\sqrt[6]{4}$ 　　(2) $\dfrac{\sqrt{8}}{\sqrt[3]{16}\sqrt[6]{2}}$ 　　(3) $\sqrt[3]{\sqrt{8}}^4$ 　　(4) $\dfrac{\sqrt[6]{18}}{\sqrt[3]{12}}$

[注意] 指数法則は正しく使う．

$$a^6 \neq a^2\times a^3 = a^5, \quad 2\times 3^5 \neq 6^5 = 2^5\times 3^5, \quad (a+b)^{-1} \neq a^{-1}+b^{-1}$$

$$a^3 \neq \dfrac{a^6}{a^2} = a^4, \qquad \dfrac{6^4}{2} \neq 3^4 = \dfrac{6^4}{2^4}, \qquad (a+b)^{\frac{1}{2}} \neq a^{\frac{1}{2}}+b^{\frac{1}{2}}$$

8.3 指 数 関 数

指数を変数とする関数を考える．

a を底とし指数 x を変数とする関数 a^x を **指数関数** という．

$$y = a^x \quad (a>0,\ a\neq 1)$$

> **例題 8.5** 表を作りグラフをかけ．表は $x = -2, -1, 0, 1, 2$ とせよ．
>
> (1) $y = 2^x$ 　　(2) $y = \left(\dfrac{1}{2}\right)^x$

解 公式 8.1，8.2 を用いて変数 x と 2^x や $\left(\dfrac{1}{2}\right)^x$ と y の数値を求め，表を作りグラフをかく．

(1) $y = 2^x$

表 8.1 $y = 2^x$ の値．

x	⋯	-2	-1	0	1	2	⋯
2^x	⋯	2^{-2}	2^{-1}	2^0	2^1	2^2	⋯
y	⋯	$\dfrac{1}{4}$	$\dfrac{1}{2}$	1	2	4	⋯

漸近線は x 軸．

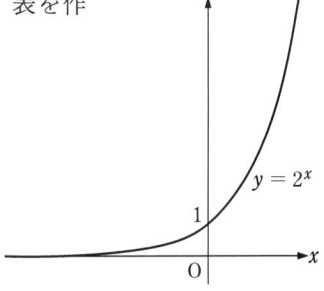

図 8.3 $y = 2^x$ のグラフ．

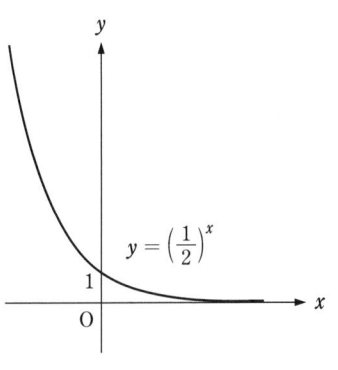

(2) $y = \left(\dfrac{1}{2}\right)^x$

表 8.2 $y = \left(\dfrac{1}{2}\right)^x$ の値．

x	⋯	-2	-1	0	1	2	⋯
$\left(\dfrac{1}{2}\right)^x$	⋯	$\left(\dfrac{1}{2}\right)^{-2}$	$\left(\dfrac{1}{2}\right)^{-1}$	$\left(\dfrac{1}{2}\right)^0$	$\left(\dfrac{1}{2}\right)^1$	$\left(\dfrac{1}{2}\right)^2$	⋯
y	⋯	4	2	1	$\dfrac{1}{2}$	$\dfrac{1}{4}$	⋯

図 8.4 $y = \left(\dfrac{1}{2}\right)^x$ のグラフ．

関数 $y = 2^{-x}$ と同じ表とグラフになる．
漸近線は x 軸．

問 8.5 表を作りグラフをかけ．表は $x = -2, -1, 0, 1, 2$ とせよ．
(1) $y = 3^x$ (2) $y = 3^{-x}$

指数関数の性質をまとめておく．

> **公式 8.4 指数関数の性質**
> 指数関数 $y = a^x$ について次が成り立つ．
> (1) $0 < a^x$
> (2) $1 < a$ ならば増加する．
> (3) $0 < a < 1$ ならば減少する．
> (4) グラフは $(0, 1)$ を通り，x 軸が漸近線になる．

[解説] 指数関数の表やグラフからこれらの性質がわかる．

点 $(0, 1)$ で接線の傾きが 1 である指数関数は底が $e = 2.71828\cdots$ になる．このとき次のように書く．
$$y = e^x = \exp x$$

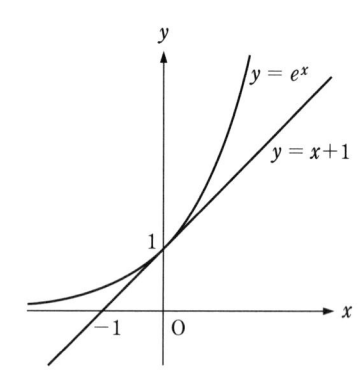

図 8.5 $y = e^x$ のグラフと接線．点 $(0, 1)$ で接線は $y = x + 1$ となる．

● グラフの移動

指数関数のグラフを移動する．

指数関数 $y = ka^x$ のグラフを対称移動や平行移動して，方程式やグラフがどうなるか調べる．

> **公式 8.5 指数関数のグラフの移動**
> 指数関数 $y = ka^x$ のグラフを移動したとき，方程式は次のようになる．
> (1) x 軸に関して対称移動．
> $y = -ka^x$
> (2) y 軸に関して対称移動．
> $y = ka^{-x}$

§8 指数関数

(3) 原点に関して対称移動.
$y = -ka^{-x}$
(4) x 軸方向に p, y 軸方向に q だけ平行移動.
$y = ka^{x-p} + q$

[解説] グラフを移動すると x 座標や y 座標が変化して方程式も変わる. (1) では $y \to -y$ より $-y = ka^x$ から $y = -ka^x$ となる. (2) では $x \to -x$ より $y = ka^{-x}$ となる. (3) では (1) と (2) を合わせて $y = -ka^{-x}$ となる. (4) では $x \to x-p$, $y \to y-q$ より $y-q = ka^{x-p}$ から $y = ka^{x-p}+q$ となる.

例題 8.6 公式 8.5 を用いて方程式を求め, グラフを移動してかけ.
(1) 関数 $y = 2^x$ のグラフを原点に関して対称移動.
(2) 関数 $y = -2^{-x}$ のグラフを x 軸方向に -1, y 軸方向に -2 だけ平行移動.

[解] 関数 $y = 2^x$ の変数を取りかえて方程式を求める. グラフは漸近線からかく.
(1) $y = f(x) = 2^x$
$y = -f(-x) = -2^{-x}$
関数 $y = 2^{-x}$ のグラフを x 軸に関して対称移動しても同じになる.
漸近線は x 軸.

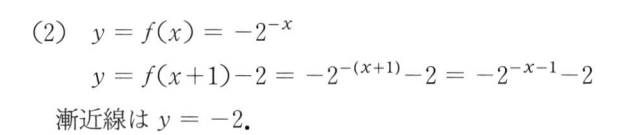

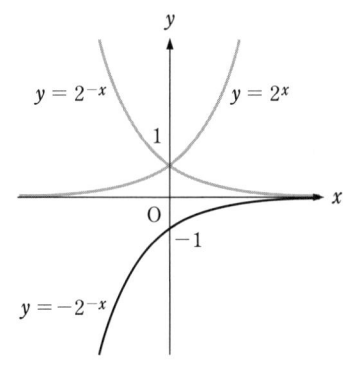

図 8.6 $y = -2^{-x}$ のグラフ.

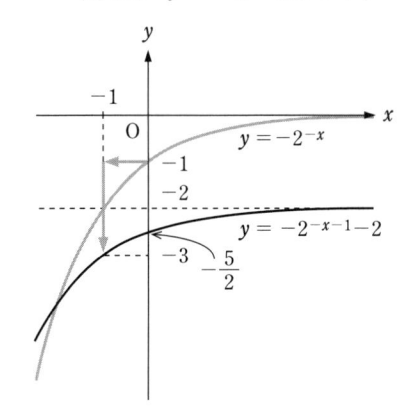

(2) $y = f(x) = -2^{-x}$
$y = f(x+1) - 2 = -2^{-(x+1)} - 2 = -2^{-x-1} - 2$
漸近線は $y = -2$.

図 8.7 $y = -2^{-x-1} - 2$ のグラフ.

問 8.6 公式 8.5 を用いて方程式を求め, グラフを移動してかけ.
(1) 関数 $y = 2^x$ のグラフを x 軸方向に 1 だけ平行移動.

(2) 関数 $y = \left(\dfrac{1}{2}\right)^x$ のグラフを y 軸方向に -1 だけ平行移動.

8.4 双曲線関数とオイラーの公式

指数関数から新しい関数を作る．

指数関数 e^x と e^{-x} を組み合わせると**双曲線関数**ができる．

公式 8.6 双曲線関数の関係

(1) $\sinh x = \dfrac{e^x - e^{-x}}{2}$ (2) $\cosh x = \dfrac{e^x + e^{-x}}{2}$

(3) $\tanh x = \dfrac{\sinh x}{\cosh x} = \dfrac{e^x - e^{-x}}{e^x + e^{-x}}$

(4) $\coth x = \dfrac{1}{\tanh x} = \dfrac{e^x + e^{-x}}{e^x - e^{-x}}$

(5) $\operatorname{sech} x = \dfrac{1}{\cosh x}$ (6) $\operatorname{cosech} x = \dfrac{1}{\sinh x}$

[解説] 指数関数を用いて6種類の双曲線関数を作る．これらは三角関数に対応していて，両者を区別するために hyperbola（双曲線）の「h」を書き加える．

双曲線関数の主な公式をまとめておく．

公式 8.7 双曲線関数の性質

(1) $\sinh(-x) = -\sinh x$ (2) $\cosh(-x) = \cosh x$

(3) $\tanh(-x) = -\tanh x$ (4) $\cosh^2 x - \sinh^2 x = 1$

(5) $1 - \tanh^2 x = \operatorname{sech}^2 x$ (6) $\coth^2 x - 1 = \operatorname{cosech}^2 x$

(7) $\sinh(x+y) = \sinh x \cosh y + \cosh x \sinh y$

(8) $\cosh(x+y) = \cosh x \cosh y + \sinh x \sinh y$

[解説] (1)〜(3)では負の変数を正に直す．(4)〜(6)では2乗の差を表し，双曲線に結びつく．(7), (8)では変数の和を表し，加法定理という．

[注意] 双曲線関数の指数は $(\sinh x)^2 = \sinh^2 x$, $(\cosh x)^3 = \cosh^3 x$ などと書く．

指数関数 e^x で虚数の指数 e^{ix} を考えると**オイラーの公式**が成り立つ．

公式 8.8 オイラーの公式

$e^{ix} = \cos x + i \sin x$ （i は虚数単位）

[解説] 虚数の指数を用いると指数関数と三角関数が結びつく．

練習問題 8

1. 公式 8.1 を用いて a^p に変形せよ．

(1) $\left(\dfrac{1}{a^4}\right)^3$ (2) $\left(\dfrac{1}{a^2}\right)^{-2}$ (3) $\left(\dfrac{1}{a^{-2}}\right)^4$ (4) $\left(\dfrac{1}{a^{-3}}\right)^{-3}$

2. 公式 8.1, 8.2 を用いて a^p に変形せよ．

(1) $\sqrt[6]{a^3}$ (2) $\dfrac{1}{\sqrt[8]{a^{-6}}}$ (3) $\sqrt[4]{\dfrac{1}{a^{10}}}$ (4) $\dfrac{1}{\sqrt[12]{a^{-8}}}$

3. 公式 8.1〜8.3 を用いて a^p か $a^p b^q$ に変形せよ．

(1) $\sqrt{a}\sqrt[4]{a^3}\sqrt[8]{a^5}$ (2) $\dfrac{\sqrt[6]{a^5}}{\sqrt{a}\sqrt[3]{a^2}}$

(3) $\sqrt[6]{a\sqrt[4]{a\sqrt[3]{a}}}$ (4) $\dfrac{\sqrt[6]{a^5 b^2}}{\sqrt[3]{a^2 b^4}}$

4. 公式 8.1〜8.3 を用いて値を求めよ．

(1) $\sqrt{2}\sqrt[4]{4}\sqrt[8]{16}$ (2) $\dfrac{\sqrt[4]{27}\sqrt[6]{81}}{\sqrt{3}\sqrt[3]{9}}$

(3) $\sqrt[4]{\sqrt[3]{81}}^{\,6}$ (4) $\dfrac{\sqrt[3]{36}\sqrt[4]{18}}{\sqrt{12}\sqrt[6]{54}}$

5. 表を作りグラフをかけ．表は $x = -2, -1, 0, 1, 2$ とせよ．

(1) $y = 2^{2x}$ (2) $y = 16^{-\frac{x}{2}}$

(3) $y = 2 \cdot 3^x$ (4) $y = \dfrac{2^{x+1}}{6^x}$

6. 公式 8.5 を用いて方程式を求め，グラフを移動してかけ．

(1) 関数 $y = 2^x$ のグラフを x 軸方向に -1，y 軸方向に -1 だけ平行移動．

(2) 関数 $y = -2^x$ のグラフを x 軸方向に 1，y 軸方向に -1 だけ平行移動．

(3) 関数 $y = 2^{-x}$ のグラフを x 軸方向に -1，y 軸方向に 1 だけ平行移動．

(4) 関数 $y = -2^{-x}$ のグラフを x 軸方向に 1，y 軸方向に 1 だけ平行移動．

解答

問 8.1 (1) a^0 (2) a^{-7} (3) a^{-4} (4) a^5

問 8.2 (1) $a^{\frac{5}{3}}$ (2) $a^{-\frac{3}{2}}$ (3) $a^{-\frac{2}{5}}$ (4) $a^{\frac{3}{7}}$

問 8.3 (1) $a^{\frac{7}{6}}$ (2) $a^{-\frac{5}{12}}$ (3) $a^{\frac{2}{3}}$ (4) $a^{\frac{7}{4}} b^{\frac{7}{4}}$

問 8.4 (1) 8　　(2) 1　　(3) 4　　(4) $\dfrac{1}{\sqrt{2}}$

問 8.5 (1)　　　　　　　　　(2)

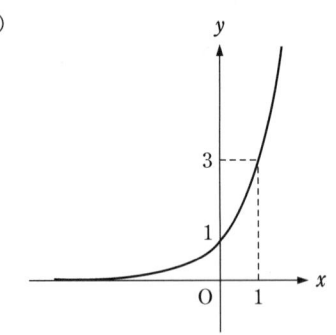

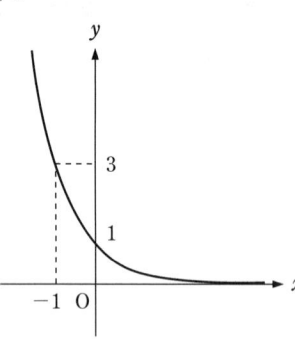

問 8.6 (1) $y = 2^{x-1}$ 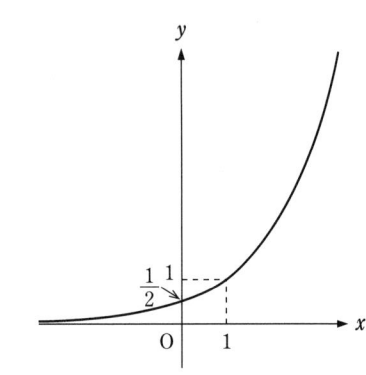　　　　(2) $y = \left(\dfrac{1}{2}\right)^x - 1$

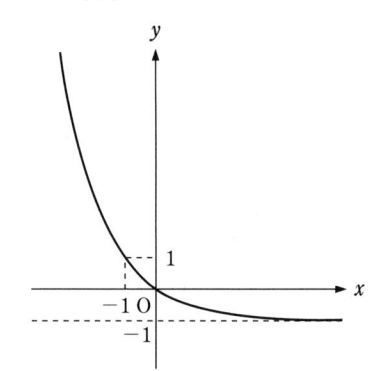

練習問題 8

1. (1) a^{-12}　　(2) a^4　　(3) a^8　　(4) a^{-9}
2. (1) $a^{\frac{1}{2}}$　　(2) $a^{-\frac{3}{4}}$　　(3) $a^{-\frac{5}{2}}$　　(4) $a^{\frac{2}{3}}$
3. (1) $a^{\frac{15}{8}}$　　(2) $a^{-\frac{1}{3}}$　　(3) $a^{\frac{2}{9}}$　　(4) $a^{\frac{1}{6}}b^{-1}$
4. (1) $2\sqrt{2}$　　(2) $\sqrt[4]{3}$　　(3) 9　　(4) $\dfrac{\sqrt[6]{3}}{\sqrt[4]{2}}$
5. (1)　　　　　　　　　(2)

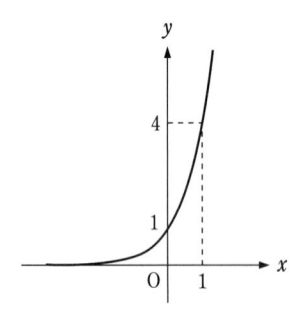

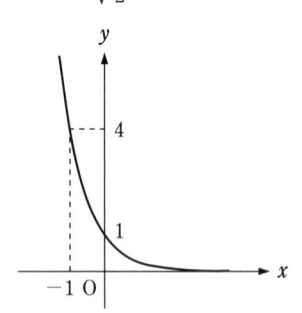

(3)

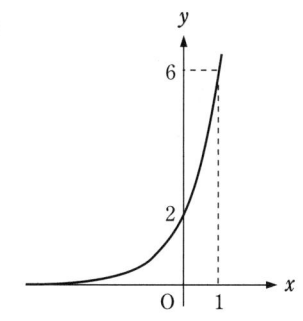

(4)

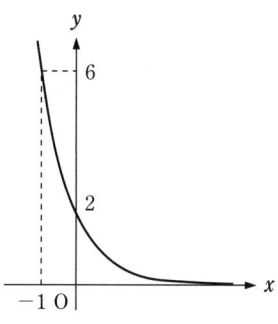

6. (1) $y = 2^{x+1} - 1$

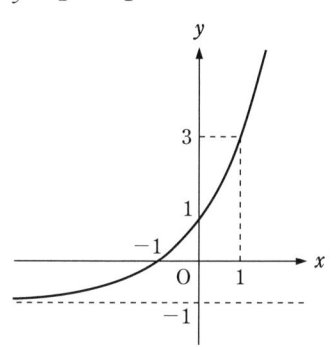

(2) $y = -2^{x-1} - 1$

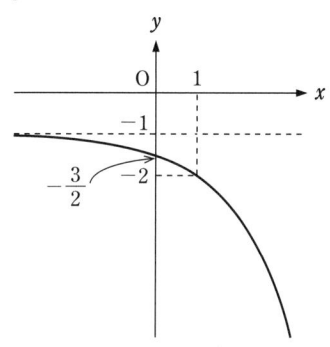

(3) $y = 2^{-x-1} + 1$

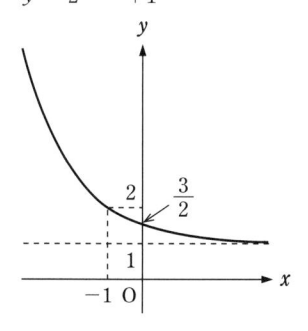

(4) $y = -2^{-x+1} + 1$

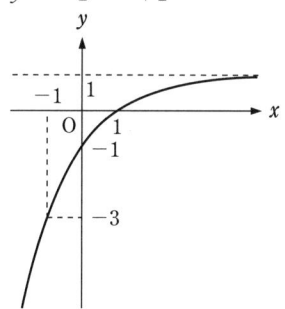

§9 対数関数

指数から新しく対数を作る．ここでは対数の意味を考え，性質を調べる．そして対数関数を導入し，グラフをかく．

9.1 対　数

対数とは何か考える．まず指数と対数の関係から見ていく．

指数の計算では底 a の肩に指数 x を載せて累乗 $a^x = y$ の値を求める．
$$x \longrightarrow a^x = y \quad (a > 0,\ a \neq 1)$$
これとは反対に対数の計算では正の数 y を累乗 a^x に変形して肩の指数 x を求める．
$$y = a^x \longrightarrow x$$

例題 9.1 $y,\ a^x,\ x$ の表を作れ．
$$a = 2, \quad y = \frac{1}{16},\ \frac{1}{8},\ \frac{1}{4},\ \frac{1}{2},\ 1,\ 2,\ 4,\ 8,\ 16$$

解 公式 8.1 を用いて y の数値を累乗 2^x に変形する．
$$y = 2^x$$

表 9.1 正の数 y と指数 x．

y	…	$\frac{1}{16}$	$\frac{1}{8}$	$\frac{1}{4}$	$\frac{1}{2}$	1	2	4	8	16	…
2^x	…	2^{-4}	2^{-3}	2^{-2}	2^{-1}	2^0	2^1	2^2	2^3	2^4	…
x	…	-4	-3	-2	-1	0	1	2	3	4	…

問 9.1 $y,\ a^x,\ x$ の表を作れ．

(1) $a = 3, \quad y = \dfrac{1}{81},\ \dfrac{1}{27},\ \dfrac{1}{9},\ \dfrac{1}{3},\ 1,\ 3,\ 9,\ 27,\ 81$

(2) $a = \dfrac{1}{4}, \quad y = \dfrac{1}{256},\ \dfrac{1}{64},\ \dfrac{1}{16},\ \dfrac{1}{4},\ 1,\ 4,\ 16,\ 64,\ 256$

● **対数の意味と記号**

対数を表す記号を導入する．

正の数（真数）y に対して $y = a^x\ (a > 0,\ a \neq 1)$ となる指数 x を $\log_a y$ と表し，a を**底**とする y の**対数**という．すなわち次のように書く．
$$y = a^x \quad \text{ならば} \quad \log_a y = \log_a a^x = x$$
（底）　（真数）

例題 9.2 $\log_a a^x$ に変形して値を求めよ．

(1) $\log_2 16$ (2) $\log_2 8$ (3) $\log_2 4$

(4) $\log_2 2$ (5) $\log_2 1$ (6) $\log_2 \dfrac{1}{2}$

(7) $\log_2 \dfrac{1}{4}$ (8) $\log_2 \dfrac{1}{8}$ (9) $\log_2 \dfrac{1}{16}$

解 対数の記号を用いて正の数から 2 を底とする対数を計算する．

(1) $\log_2 16 = \log_2 2^4 = 4$ (2) $\log_2 8 = \log_2 2^3 = 3$

(3) $\log_2 4 = \log_2 2^2 = 2$ (4) $\log_2 2 = \log_2 2^1 = 1$

(5) $\log_2 1 = \log_2 2^0 = 0$ (6) $\log_2 \dfrac{1}{2} = \log_2 2^{-1} = -1$

(7) $\log_2 \dfrac{1}{4} = \log_2 2^{-2} = -2$ (8) $\log_2 \dfrac{1}{8} = \log_2 2^{-3} = -3$

(9) $\log_2 \dfrac{1}{16} = \log_2 2^{-4} = -4$

問 9.2 $\log_a a^x$ に変形して値を求めよ．

(1) $\log_2 256$ (2) $\log_{\frac{1}{2}} 64$ (3) $\log_3 \dfrac{1}{243}$

(4) $\log_{\frac{1}{3}} \dfrac{1}{27}$ (5) $\log_2 \sqrt{8}$ (6) $\log_3 \dfrac{1}{\sqrt[3]{9}}$

底が $e = 2.71\cdots$ ならば底を略す．これを自然対数といい，微積分で用いる．e を**自然対数の底**という．次のように書く．

$$\log_e x = \log x = \ln x$$

注意 底が 10 のときに底を略すこともある．これを常用対数といい，数値計算で用いる．次のように書く．

$$\log_{10} x = \log x = \mathrm{lc}\, x$$

9.2 対数法則

対数の性質を調べる．

指数から作った対数では指数法則に対応する次の公式が成り立つ．

公式 9.1 対数法則

(1) $\log_a 1 = 0$ (2) $\log_a a = 1$

(3) $\log_a bc = \log_a b + \log_a c$ (4) $\log_a \dfrac{b}{c} = \log_a b - \log_a c$

(5) $\log_a b^c = c \log_a b$ (6) $\log_a b = \dfrac{\log_c b}{\log_c a}$

(7) $\log_a a^b = b$ (8) $a^{c \log_a b} = b^c$

[解説] (1)では1の対数が0になる．(2)では底と真数が等しいと1になる．
(3)では積の対数が各対数の和になる．(4)では商の対数が各対数の差になる．
(5)では指数が対数の外へ出て，積になる．(6)では対数の底を取りかえる．
(7), (8)では指数の底と対数が打ち消し合う．

例題 9.3 公式 9.1 を用いて $\log a$, $\log b$, $\log c$ や a の式で表せ．

(1) $\log 1$ (2) $\log e$ (3) $\log abc$ (4) $\log \dfrac{ab}{c}$

(5) $\log a^5$ (6) $\log \dfrac{1}{\sqrt{a}}$ (7) $\log_2 a$ (8) $\log e^a$

(9) $e^{\log e^a}$ (10) $e^{-\log a}$

[解] 指数と対数法則により式を整理してから計算する．ただし，底 e は略す．

(1) $\log 1 = 0$

(2) $\log e = 1$

(3) $\log abc = \log a + \log b + \log c$

(4) $\log \dfrac{ab}{c} = \log a + \log b - \log c$

(5) $\log a^5 = 5 \log a$

(6) $\log \dfrac{1}{\sqrt{a}} = \log \dfrac{1}{a^{\frac{1}{2}}} = \log a^{-\frac{1}{2}} = -\dfrac{1}{2} \log a$

(7) $\log_2 a = \dfrac{\log a}{\log 2}$

(8) $\log e^a = a \log e = a$

(9) $e^{\log e^a} = e^{a \log e} = e^a$

(10) $e^{-\log a} = e^{\log a^{-1}} = a^{-1} = \dfrac{1}{a}$

問 9.3 公式 9.1 を用いて $\log a$, $\log b$, $\log c$ や a の式で表せ．

(1) $\log a^2 b c^3$ (2) $\log \dfrac{c^3}{ab^2}$

(3) $\log \dfrac{\sqrt{b}\sqrt[3]{c}}{\sqrt[4]{a}}$ (4) $e^{2 \log a}$

例題 9.4 公式 9.1 を用いて値を求めよ．

(1) $\log_2 1$ (2) $\log_3 3$ (3) $\log_2 4\sqrt{8}$

(4) $\log_3 \dfrac{\sqrt{3}}{\sqrt[3]{9}}$ (5) $\log_2 \dfrac{1}{64}$ (6) $\log_3 \sqrt[4]{27}$

(7) $\log_8 16$ (8) $\log_3 5 \log_5 3$ (9) $2^{\log_2 8}$ (10) $3^{2 \log_3 5}$

解 指数と対数法則により式を整理してから計算する．

(1) $\log_2 1 = 0$

(2) $\log_3 3 = 1$

(3) $\log_2 4\sqrt{8} = \log_2 4 + \log_2 \sqrt{8} = \log_2 2^2 + \log_2 2^{\frac{3}{2}} = 2 + \frac{3}{2} = \frac{7}{2}$

(4) $\log_3 \dfrac{\sqrt{3}}{\sqrt[3]{9}} = \log_3 \sqrt{3} - \log_3 \sqrt[3]{9} = \log_3 3^{\frac{1}{2}} - \log_3 3^{\frac{2}{3}} = \dfrac{1}{2} - \dfrac{2}{3} = -\dfrac{1}{6}$

(5) $\log_2 \dfrac{1}{64} = \log_2 \dfrac{1}{2^6} = \log_2 2^{-6} = -6$

(6) $\log_3 \sqrt[4]{27} = \log_3 \sqrt[4]{3^3} = \log_3 3^{\frac{3}{4}} = \dfrac{3}{4}$

(7) $\log_8 16 = \dfrac{\log_2 16}{\log_2 8} = \dfrac{\log_2 2^4}{\log_2 2^3} = \dfrac{4}{3}$

(8) $\log_3 5 \log_5 3 = \dfrac{\log 5}{\log 3} \dfrac{\log 3}{\log 5} = 1$

(9) $2^{\log_2 8} = 2^{\log_2 2^3} = 2^3 = 8$

(10) $3^{2\log_3 5} = 3^{\log_3 5^2} = 5^2 = 25$

問 9.4 公式 9.1 を用いて値を求めよ．

(1) $\log_2 \dfrac{4}{3} + \log_2 \dfrac{5}{4} - \log_2 \dfrac{5}{6}$ (2) $\log_2 \sqrt{2}\sqrt[3]{4}\sqrt[4]{8}$

(3) $\log_2 3 \log_3 6 \log_6 8$ (4) $2^{-\log_2 5}$

[注意] 対数法則は正しく使う．

(1) $\log_a (b+c) \neq \log_a b + \log_a c = \log_a bc$

(2) $\log_a (b-c) \neq \log_a b - \log_a c = \log_a \dfrac{b}{c}$

(3) $\log_a b \log_a c \neq \log_a bc = \log_a b + \log_a c$

(4) $\dfrac{\log_a b}{\log_a c} \neq \log_a \dfrac{b}{c} = \log_a b - \log_a c$

9.3 対数関数

対数によって表された関数を考える．

a を底とする対数 $\log_a x$ によって表された関数を**対数関数**という．

$$y = \log_a x \quad (a > 0,\ a \neq 1,\ x > 0)$$

[注意] $x < 0$ ならば $\log_a |x|$ とする．

例題 9.5 表を作りグラフをかけ．表は $x = \dfrac{1}{4}, \dfrac{1}{2}, 1, 2, 4$ とせよ．

(1) $y = \log_2 x$ (2) $y = \log_{\frac{1}{2}} x$

解 変数 x を累乗 2^y や $\left(\dfrac{1}{2}\right)^y$ に変形して変数 y の数値を求め，表を作りグラフをかく．

(1) $y = \log_2 x \quad (x > 0)$

表 9.2 $y = \log_2 x$ の値．

x	$\cdots$	$\dfrac{1}{4}$	$\dfrac{1}{2}$	1	2	4	$\cdots$
2^y	$\cdots$	2^{-2}	2^{-1}	2^0	2^1	2^2	$\cdots$
y	$\cdots$	-2	-1	0	1	2	$\cdots$

関数 $y = 2^x$ のグラフと直線 $y = x$ に関して対称になる．

漸近線は y 軸．

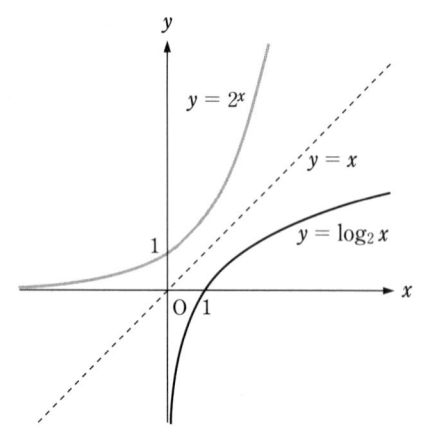

図 9.1 $y = \log_2 x$ のグラフ．

(2) $y = \log_{\frac{1}{2}} x \quad (x > 0)$

表 9.3 $y = \log_{\frac{1}{2}} x$ の値．

x	$\cdots$	$\dfrac{1}{4}$	$\dfrac{1}{2}$	1	2	4	$\cdots$
$\left(\dfrac{1}{2}\right)^y$	$\cdots$	$\left(\dfrac{1}{2}\right)^2$	$\left(\dfrac{1}{2}\right)^1$	$\left(\dfrac{1}{2}\right)^0$	$\left(\dfrac{1}{2}\right)^{-1}$	$\left(\dfrac{1}{2}\right)^{-2}$	$\cdots$
y	$\cdots$	2	1	0	-1	-2	$\cdots$

関数 $y = -\log_2 x$ と同じ表とグラフになる．

関数 $y = \left(\dfrac{1}{2}\right)^x$ のグラフと直線 $y = x$ に関して対称になる．

漸近線は y 軸．

図 9.2 $y = \log_{\frac{1}{2}} x$ のグラフ．

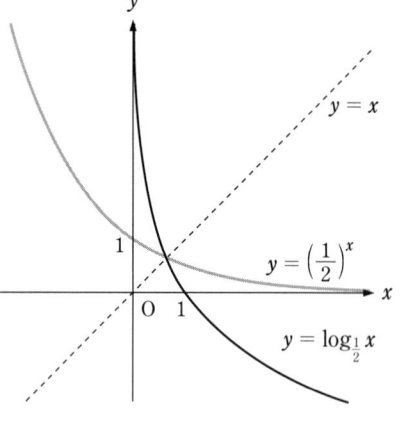

問 9.5 表を作りグラフをかけ．表は $x = \dfrac{1}{9}, \dfrac{1}{3}, 1, 3, 9$ とせよ．

(1) $y = \log_3 x$ (2) $y = \log_{\frac{1}{3}} x$

対数関数の性質をまとめておく．

公式 9.2 対数関数の性質

対数関数 $y = \log_a x$ について次が成り立つ．

(1) $0 < x$
(2) $1 < a$ ならば増加する．
(3) $0 < a < 1$ ならば減少する．
(4) グラフは $(1, 0)$ を通り，y 軸が漸近線になる．

(5) 関数 $y = \log_a x$ と $y = a^x$ のグラフは直線 $y = x$ に関して対称になる．

[解説] 対数関数の表とグラフからこれらの性質がわかる．

点 $(1, 0)$ で接線の傾きが 1 である対数関数は底が $e = 2.71828\cdots$ になる．このとき次のように書く．
$$y = \log x = \ln x$$

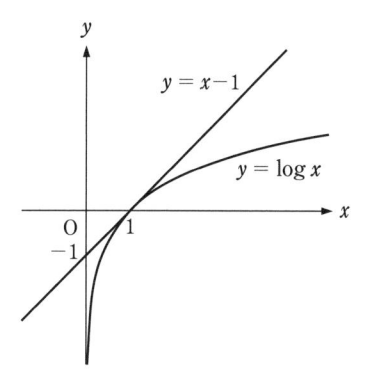

図 9.3　$y = \log x$ のグラフと接線．点 $(1, 0)$ で接線は $y = x - 1$ となる．

● グラフの移動

対数関数のグラフを移動する．

対数関数 $y = k \log_a x$ のグラフを対称移動や平行移動して，方程式やグラフがどうなるか調べる．

公式 9.3　対数関数のグラフの移動

対数関数 $y = k \log_a x$ ($y = k \log_a (-x)$) のグラフを移動したとき，方程式は次のようになる．

(1) x 軸に関して対称移動．
$$y = -k \log_a x \qquad (y = -k \log_a (-x))$$
(2) y 軸に関して対称移動．
$$y = k \log_a (-x) \qquad (y = k \log_a x)$$
(3) 原点に関して対称移動．
$$y = -k \log_a (-x) \qquad (y = -k \log_a x)$$
(4) x 軸方向に p，y 軸方向に q だけ平行移動．
$$y = k \log_a (x - p) + q \qquad (y = k \log_a (-x + p) + q)$$

[解説] グラフを移動すると x 座標や y 座標が変化して方程式も変わる．(1) では $y \to -y$ より $-y = k \log_a (\pm x)$ から $y = -k \log_a (\pm x)$ となる．(2) では $x \to -x$ より $y = k \log_a (\mp x)$ となる．(3) では (1) と (2) を合わせて $y = -k \log_a (\mp x)$ となる．(4) では $x \to x - p$, $y \to y - q$ より $y - q = k \log_a \{\pm (x - p)\}$ から $y = k \log_a \{\pm (x - p)\} + q$ となる．

> **例題 9.6** 公式 9.3 を用いて方程式を求め，グラフを移動してかけ．
> (1) 関数 $y = \log_2 x$ のグラフを y 軸に関して対称移動．
> (2) 関数 $y = \log_2(-x)$ のグラフを x 軸方向に 1, y 軸方向に 2 だけ平行移動．

解 関数 $y = \log_2 x$ の変数を取りかえて方程式を求める．グラフは漸近線からかく．

(1) $\quad y = f(x) = \log_2 x$
$\quad\quad y = f(-x) = \log_2(-x)$

関数 $y = -\log_2 x$ のグラフを原点に関して対称移動しても同じになる．

漸近線は y 軸．

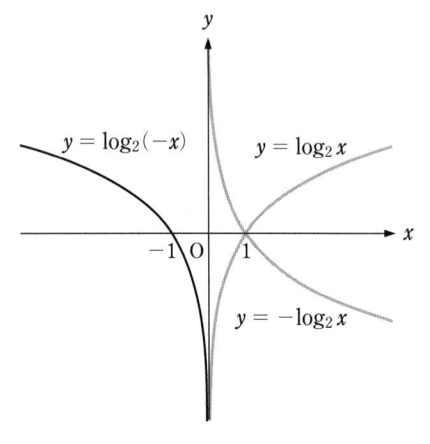

図 9.4 $y = \log_2(-x)$ のグラフ．

(2) $\quad y = f(x) = \log_2(-x)$
$\quad\quad y = f(x-1)+2 = \log_2\{-(x-1)\}+2$
$\quad\quad\quad\quad\quad\quad\quad = \log_2(-x+1)+2$

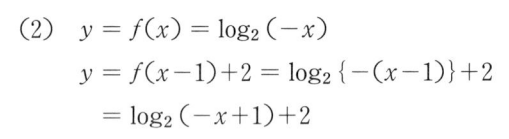

漸近線は $x = 1$．

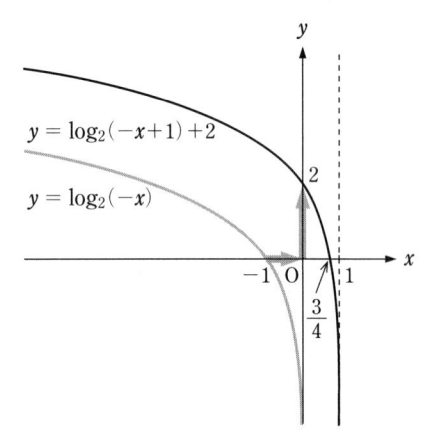

図 9.5 $y = \log_2(-x+1)+2$ のグラフ．

> **問 9.6** 公式 9.3 を用いて方程式を求め，グラフを移動してかけ．
> (1) 関数 $y = \log_2 x$ のグラフを x 軸方向に 1 だけ平行移動．
> (2) 関数 $y = \log_{\frac{1}{2}} x$ のグラフを y 軸方向に -1 だけ平行移動．

練習問題 9

1. y, a^x, x の表を作れ．

(1) $a = 5,$ $\quad y = \dfrac{1}{625}, \dfrac{1}{125}, \dfrac{1}{25}, \dfrac{1}{5}, 1, 5, 25, 125, 625$

(2) $a = \dfrac{1}{6},$ $\quad y = \dfrac{1}{1296}, \dfrac{1}{216}, \dfrac{1}{36}, \dfrac{1}{6}, 1, 6, 36, 216, 1296$

2. $\log_a a^x$ に変形して値を求めよ．

(1) $\log_4 1024$ (2) $\log_{\frac{1}{4}} 256$ (3) $\log_5 \dfrac{1}{3125}$

(4) $\log_{\frac{1}{5}} \dfrac{1}{125}$ (5) $\log_4 \sqrt[3]{256}$ (6) $\log_5 \dfrac{1}{\sqrt[4]{125}}$

3. 公式 9.1 を用いて $\log a, \log b, \log c$ や a の式で表せ．

(1) $\log a^3 b^5 c^2$ (2) $\log \dfrac{a^2 b^3}{c^4}$

(3) $\log \dfrac{\sqrt[3]{a}}{\sqrt[4]{b}\sqrt{c}}$ (4) $\sqrt{e}^{-\log a}$

4. 公式 9.1 を用いて値を求めよ．

(1) $\log_2 12 + \log_2 18 - \log_2 54$ (2) $\log_3 \dfrac{\sqrt{3}\,\sqrt[5]{81}}{\sqrt[3]{9}\,\sqrt[4]{27}}$

(3) $\log_2 3 - \log_4 81 + \log_8 27$ (4) $9^{\log_3 5}$

5. 表を作りグラフをかけ．表は各 x の値を用いよ．

(1) $y = \log_2 2x$ $\quad \left(x = \dfrac{1}{4}, \dfrac{1}{2}, 1, 2, 4\right)$

(2) $y = \log_{\frac{1}{2}} \sqrt{x}$ $\quad \left(x = \dfrac{1}{16}, \dfrac{1}{4}, 1, 4, 16\right)$

(3) $y = 2\log_{\frac{1}{4}} x$ $\quad \left(x = \dfrac{1}{4}, \dfrac{1}{2}, 1, 2, 4\right)$

(4) $y = \dfrac{1}{\log_x 4}$ $\quad \left(x = \dfrac{1}{16}, \dfrac{1}{4}, 1, 4, 16\right)$

6. 公式 9.3 を用いて方程式を求め，グラフを移動してかけ．

(1) 関数 $y = \log_2 x$ のグラフを x 軸方向に -1，y 軸方向に -1 だけ平行移動．

(2) 関数 $y = -\log_2 x$ のグラフを x 軸方向に 1，y 軸方向に -1 だけ平行移動．

(3) 関数 $y = \log_2(-x)$ のグラフを x 軸方向に -1，y 軸方向に 1 だけ平行移動．

(4) 関数 $y = -\log_2(-x)$ のグラフを x 軸方向に 1，y 軸方向に 1 だけ平行移動．

解答

問 9.1　x の値のみ記す．
　　(1)　$x = -4, -3, -2, -1, 0, 1, 2, 3, 4$
　　(2)　$x = 4, 3, 2, 1, 0, -1, -2, -3, -4$

問 9.2　(1)　8　　(2)　-6　　(3)　-5　　(4)　3　　(5)　$\dfrac{3}{2}$　　(6)　$-\dfrac{2}{3}$

問 9.3　(1)　$2\log a + \log b + 3\log c$　　(2)　$3\log c - \log a - 2\log b$

　　　　(3)　$\dfrac{1}{2}\log b + \dfrac{1}{3}\log c - \dfrac{1}{4}\log a$　　(4)　a^2

問 9.4　(1)　1　　(2)　$\dfrac{23}{12}$　　(3)　3　　(4)　$\dfrac{1}{5}$

問 9.5　(1)　　　　　　　　　　　　(2)

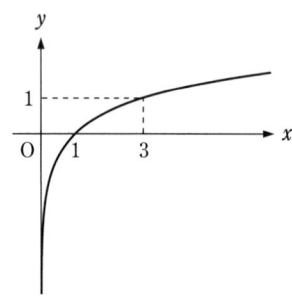

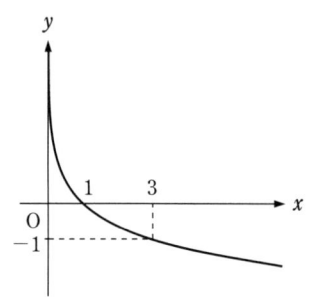

問 9.6　(1)　$y = \log_2 (x-1)$　　(2)　$y = \log_{\frac{1}{2}} x - 1$

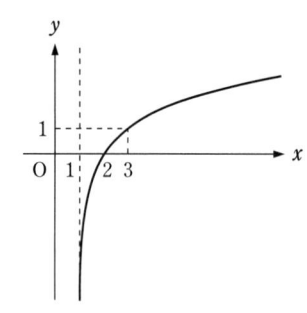

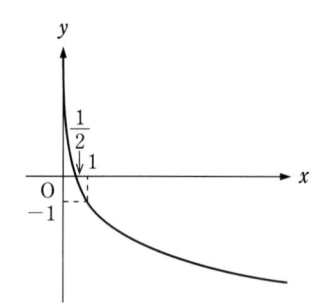

練習問題 9

1. x の値のみ記す．
　　(1)　$x = -4, -3, -2, -1, 0, 1, 2, 3, 4$
　　(2)　$x = 4, 3, 2, 1, 0, -1, -2, -3, -4$

2. (1)　5　　(2)　-4　　(3)　-5　　(4)　3　　(5)　$\dfrac{4}{3}$　　(6)　$-\dfrac{3}{4}$

3. (1)　$3\log a + 5\log b + 2\log c$　　(2)　$2\log a + 3\log b - 4\log c$

　　　(3)　$\dfrac{1}{3}\log a - \dfrac{1}{4}\log b - \dfrac{1}{2}\log c$　　(4)　$\sqrt{a}$

4. (1)　2　　(2)　$-\dfrac{7}{60}$　　(3)　0　　(4)　25

5. (1) [graph] (2) [graph]

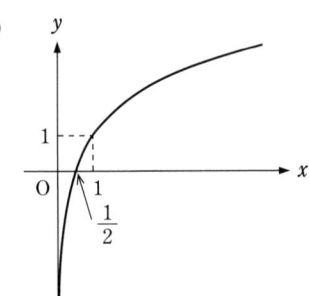

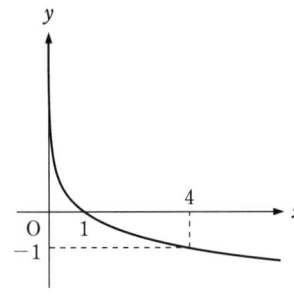

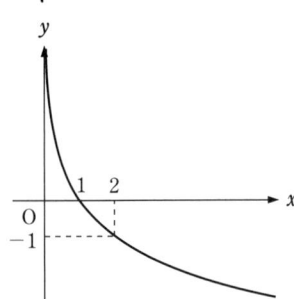

(3) [graph] (4) [graph]

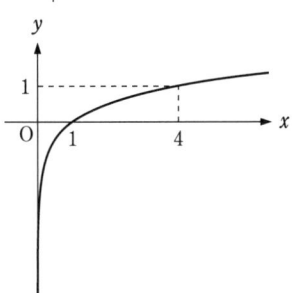

6. (1) $y = \log_2(x+1) - 1$ 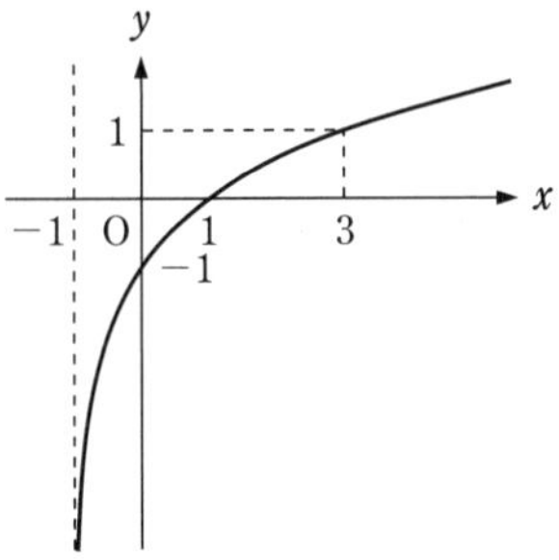   (2) $y = -\log_2(x-1) - 1$

[graph] [graph]

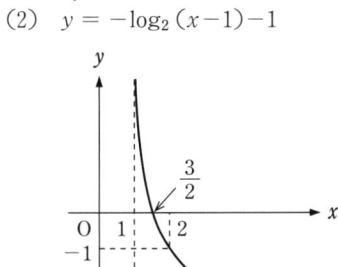

(3) $y = \log_2(-x-1) + 1$ 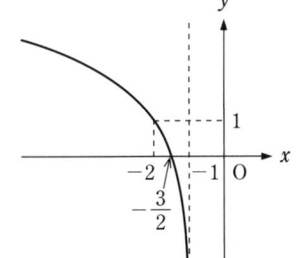   (4) $y = -\log_2(-x+1) + 1$

[graph] [graph]

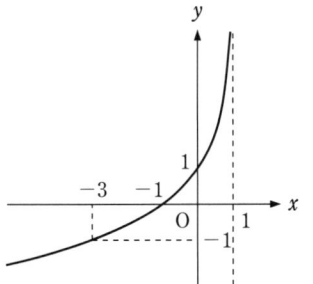

§10 三角関数

円の中心角と直角三角形から関数を作る．ここではいろいろな角を考える．そして三角関数を導入し，グラフをかく．

10.1 一般角と弧度（ラジアン）

角の測り方を見直して一般角を考える．また新しい角の単位として弧度（ラジアン）を導入する．

角は x 軸の正の部分から反時計回り（左回り）に測る（正の角）．逆向き（時計回り，右回り）に測るときは負の角で表す．さらに1周（360°）よりも大きな角を考える．たとえば，1周半ならば 360°+180°＝540° となる．このように負の角や1周よりも大きな角を**一般角**という．

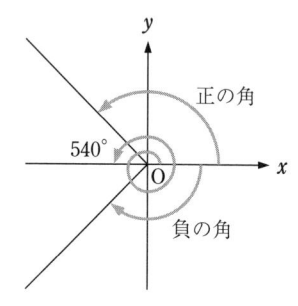

図 10.1 正の角，負の角と一般角．

例1 一般角を測る．

x 軸の正の部分と 45° の角をなす半直線を考える．このとき一般角は次のようになる．

$$45°,\ 45°+360°,\ 45°+360°×2,\ 45°+360°×3,\ \cdots$$
$$45°-360°,\ 45°-360°×2,\ 45°-360°×3,\ \cdots$$

すなわち $45°+360°×n$（n は整数）と表せる．

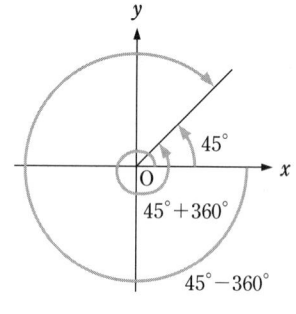

図 10.2 45° と一般角．

● 弧度（ラジアン）

1周を 360° とする角の測り方とは別の方法を導入する．

単位円（半径1の円）周上の1点を P とし，点 A$(1,0)$ から円周に沿って測った弧 $\widehat{\mathrm{AP}}$ の長さで角 θ を表す．単位円周の長さは $2\pi×$ 半径 $= 2\pi×1 = 2\pi$ なので次が成り立つ．

$$360° = 2\pi,\quad 180° = \pi,\quad 90° = \frac{\pi}{2}$$
$$60° = \frac{\pi}{3},\quad 45° = \frac{\pi}{4},\quad 30° = \frac{\pi}{6}$$

すなわち，1周 $= 360° = 2\pi$ あるいは半周 $= 180° = \pi$ をもとにして測った角である．単位をつけて 2π ラジアン（rad）または 2π 弧度ともいうが，普通は略して単に 2π という．

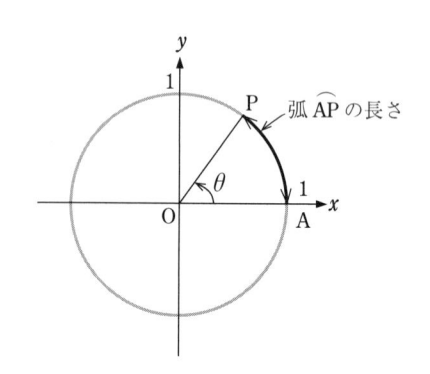

図 10.3 単位円の弧の長さと弧度．

例2 度と弧度の関係を示す．

表 10.1 度と弧度の関係．

度	0°	30°	45°	60°	90°	120°	135°	150°	180°
弧度	0	$\dfrac{\pi}{6}$	$\dfrac{\pi}{4}$	$\dfrac{\pi}{3}$	$\dfrac{\pi}{2}$	$\dfrac{2}{3}\pi$	$\dfrac{3}{4}\pi$	$\dfrac{5}{6}\pi$	π

度	180°	210°	225°	240°	270°	300°	315°	330°	360°
弧度	π	$\dfrac{7}{6}\pi$	$\dfrac{5}{4}\pi$	$\dfrac{4}{3}\pi$	$\dfrac{3}{2}\pi$	$\dfrac{5}{3}\pi$	$\dfrac{7}{4}\pi$	$\dfrac{11}{6}\pi$	2π

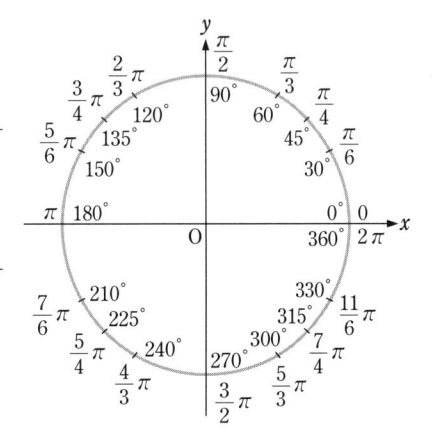

図 10.4 度と弧度の関係．

10.2 三角関数

円と直角三角形を使って**三角関数**を導入する．

半径 r の円周上の 1 点を $P(a, b)$ とし，$\angle AOP = \theta$ とする．直角三角形 OPQ で角 θ と辺の比（三角比）から 6 種類の三角関数を作る．

公式 10.1 三角関数の関係

(1)　$\sin\theta = \dfrac{b}{r}$

(2)　$\cos\theta = \dfrac{a}{r}$

(3)　$\tan\theta = \dfrac{b}{a} = \dfrac{\sin\theta}{\cos\theta}$

(4)　$\cot\theta = \dfrac{1}{\tan\theta} = \dfrac{\cos\theta}{\sin\theta}$

(5)　$\sec\theta = \dfrac{1}{\cos\theta}$

(6)　$\operatorname{cosec}\theta = \dfrac{1}{\sin\theta}$

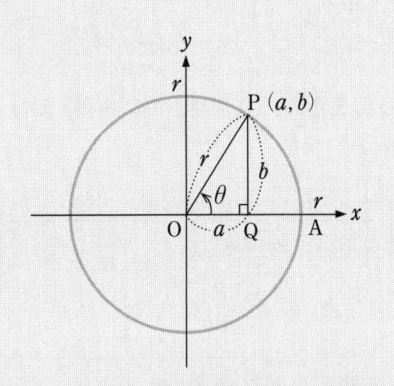

図 10.5 円内の直角三角形と三角関数．

[解説] 6 種類の三角関数で $\sin\theta$ と $\cos\theta$ が基本である．他は $\sin\theta$ と $\cos\theta$ で表せる．

[注意] 直角三角形の辺の比と三角関数の関係は $\sin$ の s，$\cos$ の c，$\tan$ の t の書き順によって覚える（図 10.6）．

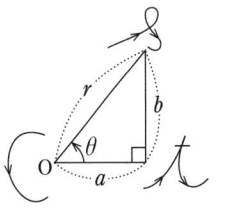

図 10.6 直角三角形の辺の比と三角関数．

例題 10.1 公式 10.1 を用いて整理せよ．

(1)　$\tan\theta\cos\theta$　　(2)　$\dfrac{1}{\sin\theta\sec\theta}$

[解] 各三角関数を $\sin\theta$ や $\cos\theta$ の式に直してから分数を計算する．

(1) $\tan\theta\cos\theta = \dfrac{\sin\theta}{\cos\theta}\cos\theta = \sin\theta$

(2) $\dfrac{1}{\sin\theta\sec\theta} = \dfrac{1}{\sin\theta}\cos\theta = \cot\theta$

問 10.1 公式 10.1 を用いて整理せよ．
(1) $\cot\theta\sin\theta$ (2) $\dfrac{1}{\cos\theta\operatorname{cosec}\theta}$
(3) $\dfrac{\sec\theta}{\tan\theta}$ (4) $\dfrac{\operatorname{cosec}\theta}{\sec\theta}$

注意 三角関数では指数を次のように書く．
$$(\sin\theta)^2 = \sin^2\theta,\quad (\cos\theta)^3 = \cos^3\theta,\quad (\tan\theta)^4 = \tan^4\theta$$
ただし，負の指数は使わない．
$$\dfrac{1}{\sin\theta}\neq\sin^{-1}\theta,\quad \dfrac{1}{\cos^2\theta}\neq\cos^{-2}\theta,\quad \dfrac{1}{\tan^3\theta}\neq\tan^{-3}\theta$$

負の角とピタゴラスの定理から得られる公式をまとめておく．

公式 10.2 負の角とピタゴラスの定理
(1) $\sin(-\theta) = -\sin\theta$ (2) $\cos(-\theta) = \cos\theta$
(3) $\tan(-\theta) = -\tan\theta$ (4) $\cos^2\theta + \sin^2\theta = 1$
(5) $1 + \tan^2\theta = \sec^2\theta$ (6) $\cot^2\theta + 1 = \operatorname{cosec}^2\theta$

解説 (1)～(3)では負の角を正の角に直す．(4)～(6)では2乗の和を表し，ピタゴラスの定理に結びつく．

例題 10.2 公式 10.2 を用いて整理せよ．
(1) $\dfrac{1-\cos^2\theta}{\sin\theta}$ (2) $\dfrac{\cos^2\theta}{1+\sin\theta}$

解 ピタゴラスの定理 $\cos^2\theta + \sin^2\theta = 1$ を $\cos^2\theta = 1-\sin^2\theta$ や $\sin^2\theta = 1-\cos^2\theta$ と変形して用いる．

(1) $\dfrac{1-\cos^2\theta}{\sin\theta} = \dfrac{\sin^2\theta}{\sin\theta} = \sin\theta$

(2) $\dfrac{\cos^2\theta}{1+\sin\theta} = \dfrac{1-\sin^2\theta}{1+\sin\theta} = \dfrac{(1+\sin\theta)(1-\sin\theta)}{1+\sin\theta} = 1-\sin\theta$

問 10.2 公式 10.2 を用いて整理せよ．
(1) $\dfrac{\cos^3\theta}{1-\sin^2\theta}$ (2) $\dfrac{\sin^2\theta}{1-\cos\theta}$
(3) $\dfrac{\tan\theta}{\sec^2\theta - 1}$ (4) $(\operatorname{cosec}^2\theta - 1)\tan^3\theta$

注意 変形の仕方がわからないときは $\sin\theta$, $\cos\theta$ の式にする．

10.3 三角関数の性質

三角関数のグラフをかいて性質を調べる．

三角関数 $y = \sin x$, $y = \cos x$, $y = \tan x$ のグラフをかく．

> **例題 10.3** 表を作りグラフをかけ．表は x の値を表 10.1 の弧度とせよ．
> (1) $y = \sin x$ (2) $y = \cos x$ (3) $y = \tan x$

解 直角三角形を用いて三角関数の値を計算する．ただし，第 2, 3, 4 象限では三角形の底辺や高さを負の数で表す．x と y の数値を求め，表を作りグラフをかく．

表 10.2 三角関数の値．

x 角	0	$\frac{\pi}{6}$	$\frac{\pi}{4}$	$\frac{\pi}{3}$	$\frac{\pi}{2}$	$\frac{2}{3}\pi$	$\frac{3}{4}\pi$	$\frac{5}{6}\pi$	π	$\frac{7}{6}\pi$	$\frac{5}{4}\pi$	$\frac{4}{3}\pi$	$\frac{3}{2}\pi$	$\frac{5}{3}\pi$	$\frac{7}{4}\pi$	$\frac{11}{6}\pi$	2π
$\sin x$ 高さ/斜辺	0	$\frac{1}{2}$	$\frac{1}{\sqrt{2}}$	$\frac{\sqrt{3}}{2}$	1	$\frac{\sqrt{3}}{2}$	$\frac{1}{\sqrt{2}}$	$\frac{1}{2}$	0	$-\frac{1}{2}$	$-\frac{1}{\sqrt{2}}$	$-\frac{\sqrt{3}}{2}$	-1	$-\frac{\sqrt{3}}{2}$	$-\frac{1}{\sqrt{2}}$	$-\frac{1}{2}$	0
$\cos x$ 底辺/斜辺	1	$\frac{\sqrt{3}}{2}$	$\frac{1}{\sqrt{2}}$	$\frac{1}{2}$	0	$-\frac{1}{2}$	$-\frac{1}{\sqrt{2}}$	$-\frac{\sqrt{3}}{2}$	-1	$-\frac{\sqrt{3}}{2}$	$-\frac{1}{\sqrt{2}}$	$-\frac{1}{2}$	0	$\frac{1}{2}$	$\frac{1}{\sqrt{2}}$	$\frac{\sqrt{3}}{2}$	1
$\tan x$ 高さ/底辺	0	$\frac{1}{\sqrt{3}}$	1	$\sqrt{3}$	$\pm\infty$	$-\sqrt{3}$	-1	$-\frac{1}{\sqrt{3}}$	0	$\frac{1}{\sqrt{3}}$	1	$\sqrt{3}$	$\pm\infty$	$-\sqrt{3}$	-1	$-\frac{1}{\sqrt{3}}$	0

(三角形の図)

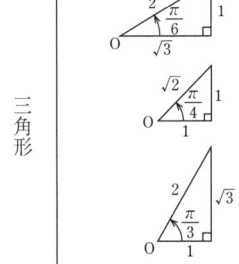

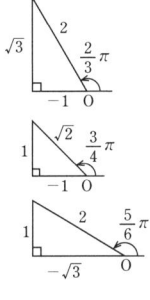

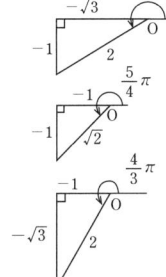

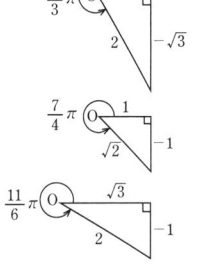

(1) $y = \sin x$

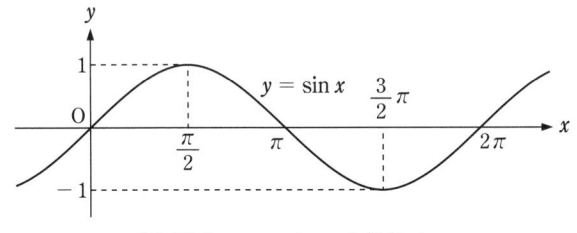

図 10.7 $y = \sin x$ のグラフ．

(2) $y = \cos x$

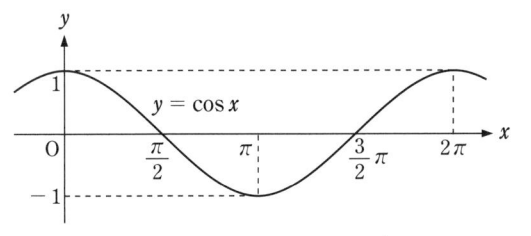

図 10.8 $y = \cos x$ のグラフ．

(3) $y = \tan x$

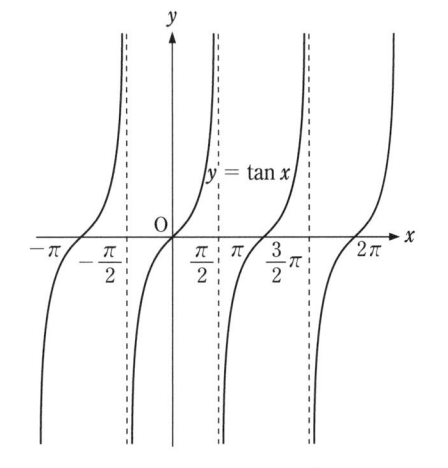

図 10.9 $y = \tan x$ のグラフ．

問 10.3 表を作りグラフをかけ．表は各 x の値を用いよ．

(1) $y = \sin 2x$ $\left(x = 0, \dfrac{\pi}{4}, \dfrac{\pi}{2}, \dfrac{3}{4}\pi, \pi\right)$

(2) $y = 2\cos x$ $\left(x = 0, \dfrac{\pi}{4}, \dfrac{\pi}{2}, \dfrac{3}{4}\pi, \pi, \dfrac{5}{4}\pi, \dfrac{3}{2}\pi, \dfrac{7}{4}\pi, 2\pi\right)$

三角関数の性質をまとめておく．

> **公式 10.3 三角関数の性質**
> 三角関数 $y = \sin x$, $y = \cos x$, $y = \tan x$ について次が成り立つ．
> (1) $-1 \leqq \sin x \leqq 1$, $-1 \leqq \cos x \leqq 1$, $-\infty < \tan x < \infty$.
> (2) $\sin x$ と $\cos x$ の**周期**は 2π, $\tan x$ の周期は π になる．すなわち
> $$\sin(x+2\pi) = \sin x, \quad \cos(x+2\pi) = \cos x, \quad \tan(x+\pi) = \tan x$$
> (3) $y = \tan x$ のグラフでは直線 $x = \pm\dfrac{\pi}{2}, \pm\dfrac{3}{2}\pi, \pm\dfrac{5}{2}\pi, \cdots$ が漸近線になる．

[解説] 三角関数の表やグラフからこれらの性質がわかる．

● **グラフの移動**

三角関数のグラフを移動する．

三角関数 $y = k\sin x$, $y = k\cos x$, $y = k\tan x$ のグラフを対称移動や平行移動して，方程式やグラフがどうなるか調べる．

> **公式 10.4 三角関数のグラフの移動**
> 三角関数 $y = k\sin x$, $y = k\cos x$, $y = k\tan x$ のグラフを移動したとき，方程式は次のようになる．
> (1) x 軸に関して対称移動．
> $$y = -k\sin x, \quad y = -k\cos x, \quad y = -k\tan x$$
> (2) y 軸に関して対称移動．
> $$y = k\sin(-x) = -k\sin x, \quad y = k\cos(-x) = k\cos x,$$
> $$y = k\tan(-x) = -k\tan x$$
> (3) 原点に関して対称移動．
> $$y = -k\sin(-x) = k\sin x,$$
> $$y = -k\cos(-x) = -k\cos x$$
> $$y = -k\tan(-x) = k\tan x$$
> (4) x 軸方向に p, y 軸方向に q だけ平行移動．
> $$y = k\sin(x-p) + q, \quad y = k\cos(x-p) + q,$$
> $$y = k\tan(x-p) + q$$

[解説] グラフを移動すると x 座標や y 座標が変化して方程式も変わる．(1) では $y \to -y$ より $-y = k\sin x$ から $y = -k\sin x$ などとなる．(2) では $x \to -x$ より $y = k\sin(-x)$ などとなる．(3) では (1) と (2) を合わせて $y = -k\sin(-x)$ などとなる．(4) では $x \to x-p$，$y \to y-q$ より $y-q = k\sin(x-p)$ から $y = k\sin(x-p)+q$ などとなる．(2)，(3) では公式 10.2 を用いて式を整理してある．

例題 10.4 公式 10.4 を用いて方程式を求め，グラフを移動してかけ．

(1) 関数 $y = \sin x$ のグラフを y 軸に関して対称移動．

(2) 関数 $y = \sin(-x)$ のグラフを x 軸方向に $\dfrac{\pi}{2}$，y 軸方向に 1 だけ平行移動．

(3) 関数 $y = \cos x$ のグラフを x 軸に関して対称移動．

(4) 関数 $y = -\cos x$ のグラフを x 軸方向に $-\pi$，y 軸方向に -1 だけ平行移動．

[解] 関数 $y = \sin x$，$y = \cos x$ の変数を取りかえて方程式を求める．

(1) $y = f(x) = \sin x$
$y = f(-x) = \sin(-x) = -\sin x$

関数 $y = \sin x$ のグラフを x 軸に関して対称移動しても同じになる．

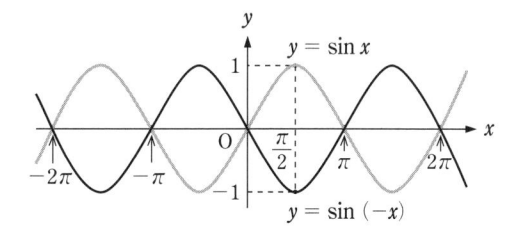

図 10.10　$y = \sin(-x)$ のグラフ．

(2) $y = f(x) = \sin(-x)$
$y = f\left(x - \dfrac{\pi}{2}\right) + 1 = \sin\left\{-\left(x - \dfrac{\pi}{2}\right)\right\} + 1$
$= \sin\left(-x + \dfrac{\pi}{2}\right) + 1 = -\sin\left(x - \dfrac{\pi}{2}\right) + 1$

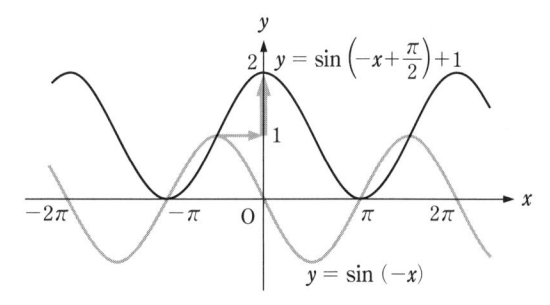

図 10.11　$y = \sin\left(-x + \dfrac{\pi}{2}\right) + 1$ のグラフ．

(3) $y = f(x) = \cos x$
$y = -f(x) = -\cos x$

関数 $y = \cos x$ のグラフを原点に関して対称移動しても同じになる．

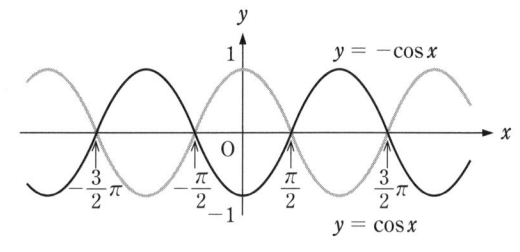

図 10.12　$y = -\cos x$ のグラフ．

(4)　$y = f(x) = -\cos x$
　　　$y = f(x+\pi) - 1 = -\cos(x+\pi) - 1$

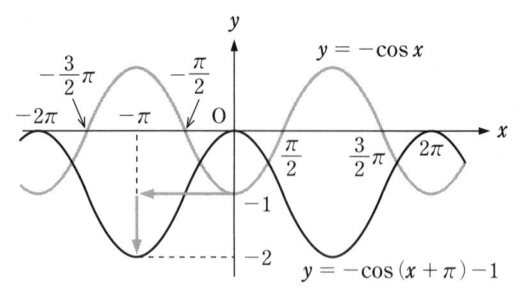

図 10.13　$y = -\cos(x+\pi) - 1$ のグラフ.

問 10.4　公式 10.4 を用いて方程式を求め，グラフを移動してかけ．

(1) 関数 $y = \cos x$ のグラフを x 軸方向に $\dfrac{\pi}{2}$ だけ平行移動．

(2) 関数 $y = \tan x$ のグラフを y 軸方向に -1 だけ平行移動．

10.4　加法定理

三角関数の加法定理とそれから導かれる公式を挙げる．

公式 10.5　加法定理

(1)　$\sin(\alpha+\beta) = \sin\alpha\cos\beta + \cos\alpha\sin\beta$

(2)　$\cos(\alpha+\beta) = \cos\alpha\cos\beta - \sin\alpha\sin\beta$

[解説]　変数（角）の和を式で表す．

公式 10.6　加法定理から導かれる公式

（Ⅰ）積和公式

(1)　$\sin\alpha\cos\beta = \dfrac{1}{2}\{\sin(\alpha+\beta) + \sin(\alpha-\beta)\}$

(2)　$\cos\alpha\cos\beta = \dfrac{1}{2}\{\cos(\alpha+\beta) + \cos(\alpha-\beta)\}$

(3)　$\sin\alpha\sin\beta = \dfrac{1}{2}\{\cos(\alpha-\beta) - \cos(\alpha+\beta)\}$

（Ⅱ）倍角公式

(1)　$\sin 2\alpha = 2\sin\alpha\cos\alpha$

(2)　$\cos 2\alpha = \cos^2\alpha - \sin^2\alpha = 1 - 2\sin^2\alpha = 2\cos^2\alpha - 1$

（Ⅲ）半角公式

(1)　$\sin^2\alpha = \dfrac{1}{2}(1-\cos 2\alpha)$

(2)　$\cos^2\alpha = \dfrac{1}{2}(1+\cos 2\alpha)$

[解説]　（Ⅰ）では三角関数の積を和に直す．（Ⅱ）では角を2倍した式を表す．

(III) では角を $\frac{1}{2}$ 倍した式を表し，三角関数の 2 乗をなくす．

練習問題 10

1. 公式 10.1 を用いて整理せよ．

(1) $\tan\theta \cos\theta \operatorname{cosec}\theta$ (2) $\dfrac{\sin\theta \sec\theta}{\cot\theta}$

(3) $\dfrac{\operatorname{cosec}\theta}{\cot\theta \sec\theta}$ (4) $\dfrac{1}{\tan\theta \sin\theta \sec\theta}$

2. 公式 10.2 を用いて整理せよ．

(1) $\dfrac{\sin^3\theta}{1-\cos^2\theta}$ (2) $\dfrac{\tan^2\theta}{\sec\theta-1}$

(3) $\dfrac{1}{\operatorname{cosec}\theta+\cot\theta}$ (4) $(\sec^2\theta-1)\cot\theta$

3. 表を作りグラフをかけ．表は各 x の値を用いよ．

(1) $y=\dfrac{1}{2}\sin x$ $\left(x=0,\dfrac{\pi}{4},\dfrac{\pi}{2},\dfrac{3}{4}\pi,\pi,\dfrac{5}{4}\pi,\dfrac{3}{2}\pi,\dfrac{7}{4}\pi,2\pi\right)$

(2) $y=\cos\dfrac{x}{2}$ $\left(x=0,\dfrac{\pi}{2},\pi,\dfrac{3}{2}\pi,2\pi,\dfrac{5}{2}\pi,3\pi,\dfrac{7}{2}\pi,4\pi\right)$

(3) $y=-\tan x$ $\left(x=0,\dfrac{\pi}{4},\dfrac{\pi}{2},\dfrac{3}{4}\pi,\pi\right)$

(4) $y=\cot x$

$\left(\begin{array}{l}x=0,\dfrac{\pi}{4},\dfrac{\pi}{2},\dfrac{3}{4}\pi,\pi.\ \text{ただし，}\tan x=0\ \text{ならば}\cot x=\pm\infty,\\ \tan x=\pm\infty\ \text{ならば}\cot x=0\ \text{とする．}\end{array}\right)$

4. 公式 10.4 を用いて方程式を求め，グラフを移動してかけ．

(1) 関数 $y=\sin x$ のグラフを x 軸方向に π，y 軸方向に 1 だけ平行移動．

(2) 関数 $y=\cos x$ のグラフを x 軸方向に $-\dfrac{\pi}{2}$，y 軸方向に -1 だけ平行移動．

(3) 関数 $y=-\tan x$ のグラフを x 軸方向に $\dfrac{\pi}{2}$，y 軸方向に -1 だけ平行移動．

(4) 関数 $y=\cot x$ のグラフを x 軸方向に $-\pi$，y 軸方向に 1 だけ平行移動．

解答

問 10.1 (1) $\cos\theta$ (2) $\tan\theta$ (3) $\mathrm{cosec}\,\theta$ (4) $\cot\theta$

問 10.2 (1) $\cos\theta$ (2) $1+\cos\theta$ (3) $\cot\theta$ (4) $\tan\theta$

問 10.3 (1) (2)

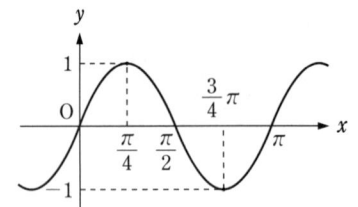

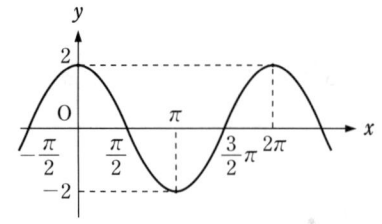

問 10.4 (1) $y=\cos\left(x-\dfrac{\pi}{2}\right)$ 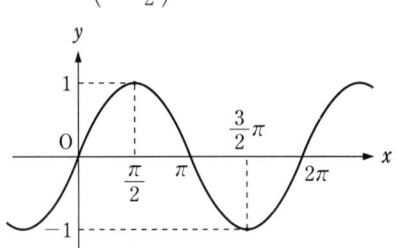 (2) $y=\tan x-1$

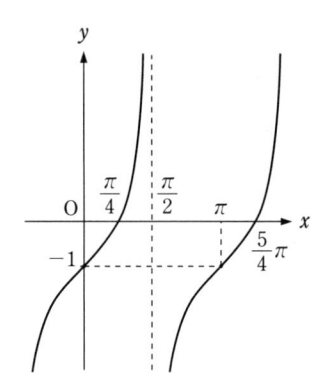

練習問題 10

1. (1) 1 (2) $\tan^2\theta$ (3) 1 (4) $\cot^2\theta$

2. (1) $\sin\theta$ (2) $\sec\theta+1$ (3) $\mathrm{cosec}\,\theta-\cot\theta$ (4) $\tan\theta$

3. (1) (2)

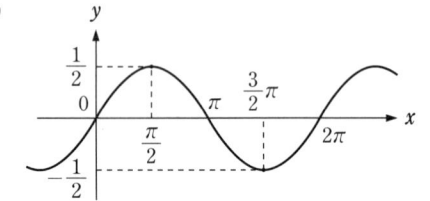

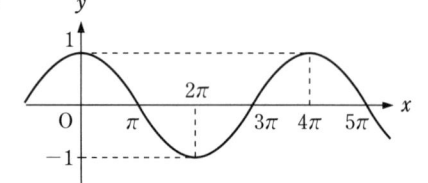

(3) 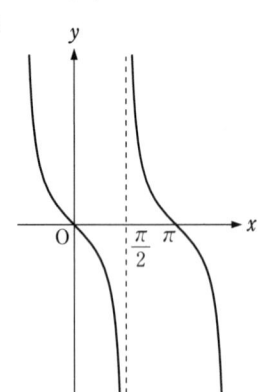 (4)

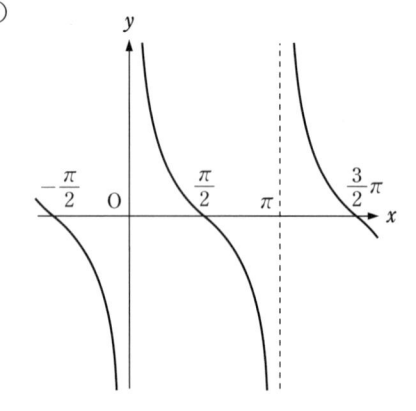

§10 三角関数

4. (1) $y = \sin(x-\pi)+1$

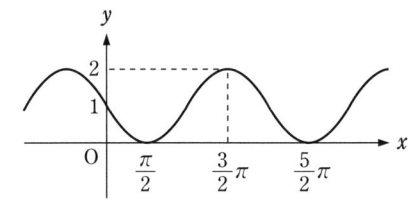

(2) $y = \cos\left(x+\dfrac{\pi}{2}\right)-1$

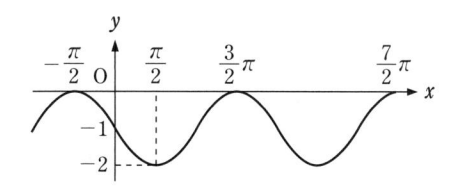

(3) $y = -\tan\left(x-\dfrac{\pi}{2}\right)-1$

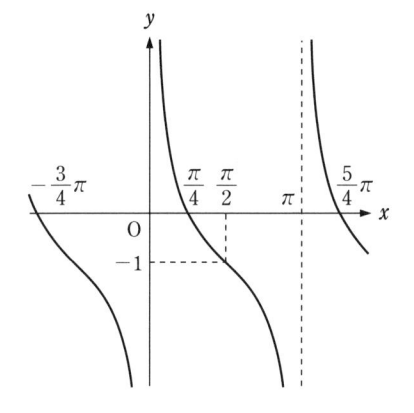

(4) $y = \cot(x+\pi)+1$

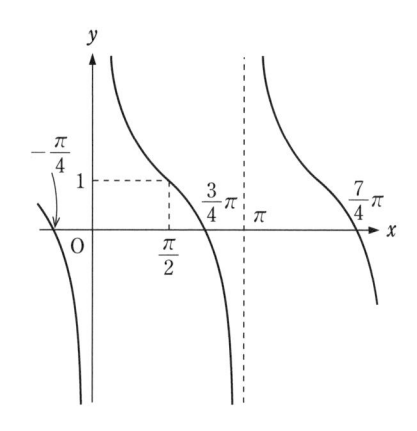

§11 逆三角関数

これまでいろいろな関数を見てきたが，ここでは新しい関数を作る方法として合成と逆を導入する．それから三角関数の逆関数である逆三角関数を作る．

11.1 合成関数と逆関数

新しい関数を作るための基本的な方法が合成と逆である．

● 合成関数

代入を用いて関数を作る．

関数 $y = f(x)$ の変数 x に関数 $y = g(x)$ を代入すると，新しい関数 $y = f(g(x))$ ができる．これを**合成関数**という．

> **例題 11.1** 合成関数 $f(g(x))$ と $g(f(x))$ を作れ．
> (1) $f(x) = x^4$, $g(x) = 3x+1$ (2) $f(x) = \dfrac{1}{x^2}$, $g(x) = x^2 + x$
> (3) $f(x) = \sqrt{x}$, $g(x) = x^2 - 1$

解 関数 $f(x)$ の変数 x に関数 $g(x)$ を代入する．また，関数 $g(x)$ の変数 x に関数 $f(x)$ を代入する．

(1) 関数 $f(x) = x^4$ と関数 $g(x) = 3x+1$ を合成すれば
$$f(g(x)) = f(3x+1) = (3x+1)^4, \quad g(f(x)) = g(x^4) = 3x^4 + 1$$

(2) 関数 $f(x) = \dfrac{1}{x^2}$ と関数 $g(x) = x^2 + x$ を合成すれば
$$f(g(x)) = f(x^2+x) = \frac{1}{(x^2+x)^2}, \quad g(f(x)) = g\left(\frac{1}{x^2}\right) = \frac{1}{x^4} + \frac{1}{x^2}$$

(3) 関数 $f(x) = \sqrt{x}$ と関数 $g(x) = x^2 - 1$ を合成すれば
$$f(g(x)) = f(x^2-1) = \sqrt{x^2-1}, \quad g(f(x)) = g(\sqrt{x}) = x-1 \quad \blacksquare$$

問 11.1 合成関数 $f(g(x))$ と $g(f(x))$ を作れ．
(1) $f(x) = 2x-1$, $g(x) = \dfrac{1}{x+1}$ (2) $f(x) = 3^x$, $g(x) = x^2$
(3) $f(x) = \sin x$, $g(x) = \dfrac{1}{x}$ (4) $f(x) = \log_2 x$, $g(x) = \sqrt{x}$

● 逆関数

変数を取りかえて関数を作る．

関数 $y = f(x)$ の独立変数 x と従属変数 y の役割を交換して $x = g(y)$ と

書く．これを関数 $f(x)$ の**逆関数**といい，$x = f^{-1}(y)$ と表す．変数 x と y を交換して $y = f^{-1}(x)$ とも書く．

> **例題 11.2** 逆関数を作れ．
> (1) $y = 2x+2$ (2) $y = x^2 \ (x \geq 0)$ (3) $y = 2^x$

解 関数 $y = (x \text{ の式})$ を逆関数 $x = (y \text{ の式})$ に変形する．最後に変数 x と y を交換する．

(1) $y = f(x) = 2x+2$

$\quad 2x = y-2$

$\quad x = f^{-1}(y) = \dfrac{1}{2}y - 1$

変数 x と y を交換して

$\quad y = f^{-1}(x) = \dfrac{1}{2}x - 1$

関数 $y = 2x+2$ のグラフと直線 $y = x$ に関して対称になる．

(2) $y = f(x) = x^2 \ (x \geq 0)$

$\quad x = f^{-1}(y) = \sqrt{y}$

変数 x と y を交換して

$\quad y = f^{-1}(x) = \sqrt{x}$

関数 $y = x^2 \ (x \geq 0)$ のグラフと直線 $y = x$ に関して対称になる．

(3) $y = f(x) = 2^x$

$\quad \log_2 y = \log_2 2^x = x$

$\quad x = f^{-1}(y) = \log_2 y$

変数 x と y を交換して

$\quad y = f^{-1}(x) = \log_2 x$

関数 $y = 2^x$ のグラフと直線 $y = x$ に関して対称になる．

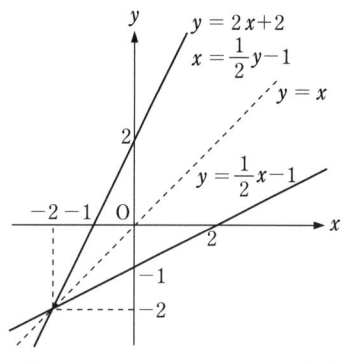

図 11.1 $y = 2x+2$ とその逆関数のグラフ．

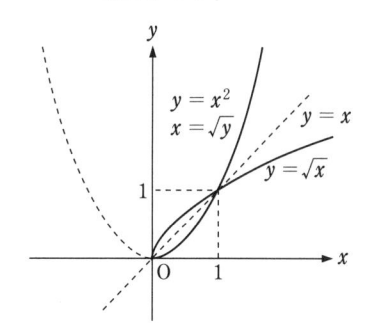

図 11.2 $y = x^2 \ (x \geq 0)$ とその逆関数のグラフ．

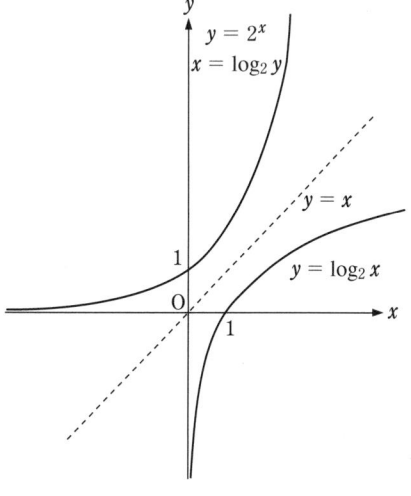

図 11.3 $y = 2^x$ とその逆関数のグラフ．

問 11.2 逆関数を作れ．

(1) $y = 3x+2$ 　　(2) $y = \dfrac{1}{x} - 1$

(3) $y = x^2 - 3$ 　$(x \leq 0)$ 　　(4) $y = \sqrt{x-1}$

注意 変数 x と y を交換するとグラフ上の点の x 座標と y 座標が入れかわる．そのため，関数と逆関数のグラフは直線 $y = x$ に関して対称になる．

11.2 逆 sin 関数

sin 関数の逆関数とは何か考える．まず直角三角形で角と辺の比の関係から見ていく．

sin 関数では直角三角形で角 x から辺の比 $y = \dfrac{b}{r}$ を求める．

$$x \longrightarrow \sin x = \dfrac{b}{r} = y$$

これとは反対に**逆 sin 関数**では直角三角形で辺の比 $y = \dfrac{b}{r}$ から角 x を求める．

$$y = \dfrac{b}{r} = \sin x \longrightarrow x$$

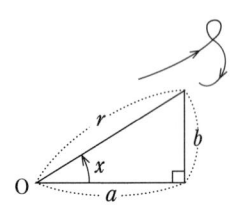

図 11.4　直角三角形の角 x と辺の比 $\dfrac{b}{r}$.

例題 11.3 直角三角形を用いて角 x $\left(-\dfrac{\pi}{2} \leq x \leq \dfrac{\pi}{2}\right)$ を求めよ．

(1) $\sin x = \dfrac{1}{2}$ 　　(2) $\sin x = -\dfrac{1}{\sqrt{2}}$

解　辺の比から直角三角形をかいて角 x を求める．

(1) $\sin x = \dfrac{\text{高さ}}{\text{斜辺}} = \dfrac{1}{2}$ 　ならば　 より　$x = \dfrac{\pi}{6}$

(2) $\sin x = \dfrac{\text{高さ}}{\text{斜辺}} = -\dfrac{1}{\sqrt{2}}$ 　ならば　 より　$x = -\dfrac{\pi}{4}$

問 11.3 直角三角形を用いて角 x $\left(-\dfrac{\pi}{2} \leq x \leq \dfrac{\pi}{2}\right)$ を求めよ．

(1) $\sin x = \dfrac{1}{\sqrt{2}}$ 　　(2) $\sin x = -\dfrac{\sqrt{3}}{2}$

● 逆 sin 関数の意味と記号

逆 sin 関数を表す記号を導入する．

直角三角形の底辺を a，高さを b，斜辺を r とする．辺の比 $y = \dfrac{b}{r}$ ($-1 \leq y \leq 1$) に対して $y = \sin x$ となる角 x を $\sin^{-1} y$ または $\arcsin y$ と表す．すなわち

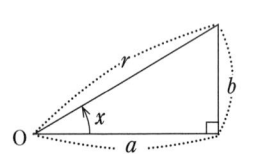

図 11.5　直角三角形の角 x と辺の比 $\dfrac{b}{r}$.

$$y = \sin x \quad \text{ならば} \quad \sin^{-1} y = \arcsin y = x$$

[注意] 三角関数と区別する．

$$\sin^{-1} x \neq \frac{1}{\sin x}$$

例題 11.4 例題 11.3 で逆 sin 関数の記号 $\sin^{-1}$ を用いて表せ．

[解] $\sin^{-1}$（辺の比）＝角　の式で書く．

(1) $\sin^{-1} \dfrac{1}{2} = \dfrac{\pi}{6}$

(2) $\sin^{-1}\left(-\dfrac{1}{\sqrt{2}}\right) = -\dfrac{\pi}{4}$

問 11.4 問 11.3 で逆 sin 関数の記号 $\sin^{-1}$ を用いて表せ．

[注意] 実は角は1つに決まらない．

$$\frac{1}{2} = \sin\frac{\pi}{6} = \sin\frac{5}{6}\pi = \sin\frac{13}{6}\pi = \cdots \quad \text{より}$$

$$\sin^{-1}\frac{1}{2} = \frac{\pi}{6}, \frac{5}{6}\pi, \frac{13}{6}\pi, \cdots$$

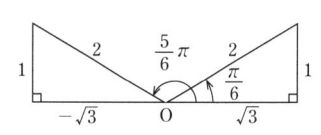

図 11.6 辺の比と角．

● **逆 sin 関数と主値**

逆 sin 関数の主値を導入して性質を見ていく．

$$y = \sin^{-1} x$$

関数 $\sin^{-1} x$ の値（角）を $-\dfrac{\pi}{2} \leq \sin^{-1} x \leq \dfrac{\pi}{2}$ に制限して1つに決める．これを**主値**といい，$\text{Sin}^{-1} x$ とも書く．

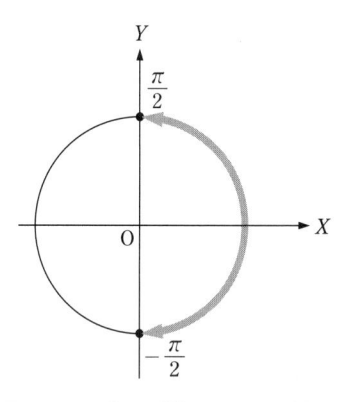

図 11.7 逆 sin 関数の主値の範囲．

例1 逆 sin 関数の表とグラフをかく．

$$y = \sin^{-1} x$$

表 11.1 $\sin^{-1} x$ の値．直角三角形を用いて角を求める．ただし，第4象限では三角形の高さを負の数で表す．

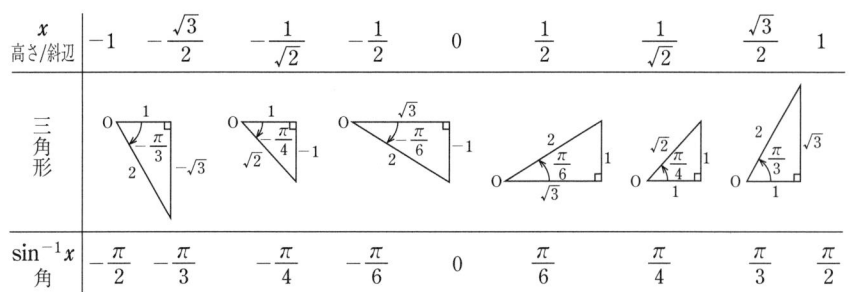

x 高さ/斜辺	-1	$-\dfrac{\sqrt{3}}{2}$	$-\dfrac{1}{\sqrt{2}}$	$-\dfrac{1}{2}$	0	$\dfrac{1}{2}$	$\dfrac{1}{\sqrt{2}}$	$\dfrac{\sqrt{3}}{2}$	1
三角形									
$\sin^{-1} x$ 角	$-\dfrac{\pi}{2}$	$-\dfrac{\pi}{3}$	$-\dfrac{\pi}{4}$	$-\dfrac{\pi}{6}$	0	$\dfrac{\pi}{6}$	$\dfrac{\pi}{4}$	$\dfrac{\pi}{3}$	$\dfrac{\pi}{2}$

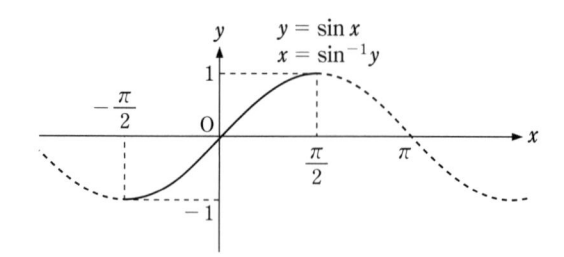

図 11.8 $y = \sin x$, $x = \sin^{-1} y$ のグラフ. 破線は主値以外を表す.

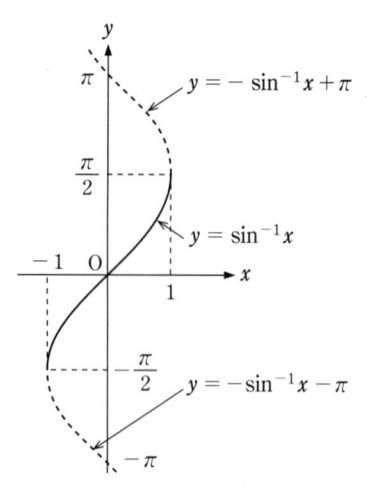

図 11.9 $y = \sin^{-1} x$ のグラフ. 破線は主値以外を表す.

例題 11.5 表 11.1 を用いて主値を計算せよ.
(1) $\sin^{-1} 0$ (2) $\sin^{-1} \dfrac{1}{2} + \sin^{-1}\left(-\dfrac{1}{\sqrt{2}}\right)$

解 表より主値を求めて計算する.

(1) $\sin^{-1} 0 = 0$

(2) $\sin^{-1} \dfrac{1}{2} + \sin^{-1}\left(-\dfrac{1}{\sqrt{2}}\right) = \dfrac{\pi}{6} - \dfrac{\pi}{4} = -\dfrac{\pi}{12}$

問 11.5 表 11.1 を用いて主値を計算せよ.
(1) $\sin^{-1} 1$ (2) $\sin^{-1} \dfrac{1}{\sqrt{2}} - \sin^{-1}\left(-\dfrac{\sqrt{3}}{2}\right)$

逆 sin 関数の性質をまとめておく.

公式 11.1 逆 sin 関数の性質
逆 sin 関数 $y = \sin^{-1} x$ について次が成り立つ.
(1) $-1 \leqq x \leqq 1$
(2) 主値は $-\dfrac{\pi}{2} \leqq \sin^{-1} x \leqq \dfrac{\pi}{2}$.
(3) 増加する.
(4) $\sin^{-1}(-x) = -\sin^{-1} x$
(5) 主値以外は主値を用いて $y = (-1)^n \sin^{-1} x + n\pi$ (n は整数) と表す.

解説 逆 sin 関数の表やグラフからこれらの性質がわかる.

§11 逆三角関数

11.3 逆 cos 関数

cos 関数の逆関数とは何か考える．まず直角三角形で角と辺の比の関係から見ていく．

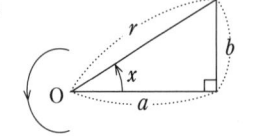

cos 関数では直角三角形で角 x から辺の比 $y = \dfrac{a}{r}$ を求める．

$$x \longrightarrow \cos x = \dfrac{a}{r} = y$$

図 11.10 直角三角形の角 x と辺の比 $\dfrac{a}{r}$．

これとは反対に**逆 cos 関数**では直角三角形で辺の比 $y = \dfrac{a}{r}$ から角 x を求める．

$$y = \dfrac{a}{r} = \cos x \longrightarrow x$$

例題 11.6 直角三角形を用いて角 $x\,(0 \leqq x \leqq \pi)$ を求めよ．

(1) $\cos x = \dfrac{1}{\sqrt{2}}$ (2) $\cos x = -\dfrac{\sqrt{3}}{2}$

解 辺の比から直角三角形をかいて角 x を求める．

(1) $\cos x = \dfrac{\text{底辺}}{\text{斜辺}} = \dfrac{1}{\sqrt{2}}$ ならば より $x = \dfrac{\pi}{4}$

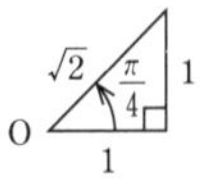

(2) $\cos x = \dfrac{\text{底辺}}{\text{斜辺}} = -\dfrac{\sqrt{3}}{2}$ ならば より $x = \dfrac{5}{6}\pi$

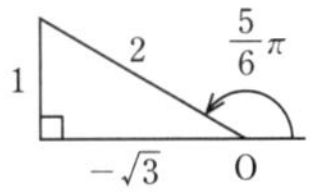

問 11.6 直角三角形を用いて角 $x\,(0 \leqq x \leqq \pi)$ を求めよ．

(1) $\cos x = \dfrac{\sqrt{3}}{2}$ (2) $\cos x = -\dfrac{1}{2}$

● 逆 cos 関数の意味と記号

逆 cos 関数を表す記号を導入する．

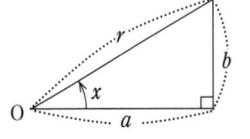

直角三角形の底辺を a，高さを b，斜辺を r とする．辺の比 $y = \dfrac{a}{r}\,(-1 \leqq y \leqq 1)$ に対して $y = \cos x$ となる角 x を $\cos^{-1} y$ または $\arccos y$ と表す．すなわち

$$y = \cos x \quad \text{ならば} \quad \cos^{-1} y = \arccos y = x$$

図 11.11 直角三角形の角 x と辺の比 $\dfrac{a}{r}$．

注意 三角関数と区別する．

$$\cos^{-1} x \neq \dfrac{1}{\cos x}$$

例題 11.7 例題 11.6 で逆 cos 関数の記号 $\cos^{-1}$ を用いて表せ．

解 $\cos^{-1}(\text{辺の比}) = \text{角}$ の式で書く．

(1) $\cos^{-1}\dfrac{1}{\sqrt{2}} = \dfrac{\pi}{4}$

(2) $\cos^{-1}\left(-\dfrac{\sqrt{3}}{2}\right) = \dfrac{5}{6}\pi$

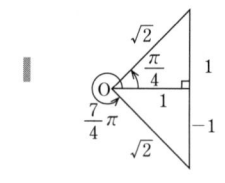

問 11.7 問 11.6 で逆 cos 関数の記号 $\cos^{-1}$ を用いて表せ．

注意 実は角は 1 つに決まらない．

$$\dfrac{1}{\sqrt{2}} = \cos\dfrac{\pi}{4} = \cos\dfrac{7}{4}\pi = \cos\dfrac{9}{4}\pi = \cdots \quad \text{より}$$

$$\cos^{-1}\dfrac{1}{\sqrt{2}} = \dfrac{\pi}{4}, \ \dfrac{7}{4}\pi, \ \dfrac{9}{4}\pi, \ \cdots$$

図 11.12 辺の比と角．

● 逆 cos 関数と主値

逆 cos 関数の主値を導入して性質を見ていく．

$$y = \cos^{-1} x$$

関数 $\cos^{-1} x$ の値（角）を $0 \leq \cos^{-1} x \leq \pi$ に制限して 1 つに決める．これを**主値**といい，$\mathrm{Cos}^{-1} x$ とも書く．

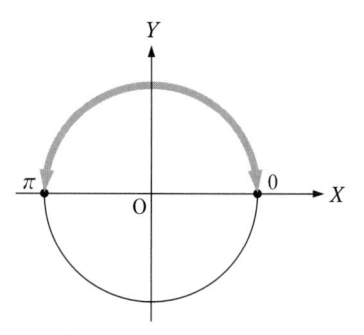

図 11.13 逆 cos 関数の主値の範囲．

例 2 逆 cos 関数の表とグラフをかく．

$$y = \cos^{-1} x$$

表 11.2 $\cos^{-1}$ の値．直角三角形を用いて角を求める．ただし，第 2 象限では三角形の底辺を負の数で表す．

x 底辺/斜辺	-1	$-\dfrac{\sqrt{3}}{2}$	$-\dfrac{1}{\sqrt{2}}$	$-\dfrac{1}{2}$	0	$\dfrac{1}{2}$	$\dfrac{1}{\sqrt{2}}$	$\dfrac{\sqrt{3}}{2}$	1
三角形	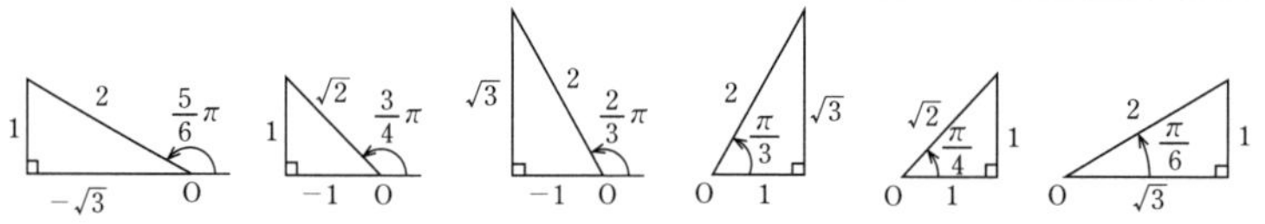								
$\cos^{-1} x$ 角	π	$\dfrac{5}{6}\pi$	$\dfrac{3}{4}\pi$	$\dfrac{2}{3}\pi$	$\dfrac{\pi}{2}$	$\dfrac{\pi}{3}$	$\dfrac{\pi}{4}$	$\dfrac{\pi}{6}$	0

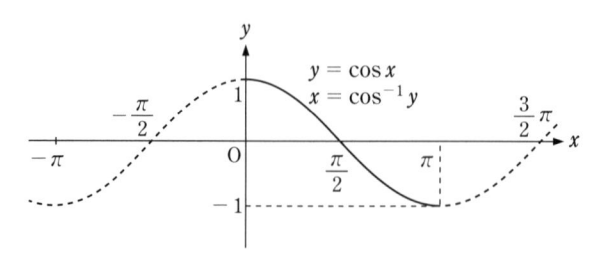

図 11.14 $y = \cos x$, $x = \cos^{-1} y$ のグラフ．破線は主値以外を表す．

§11 逆三角関数

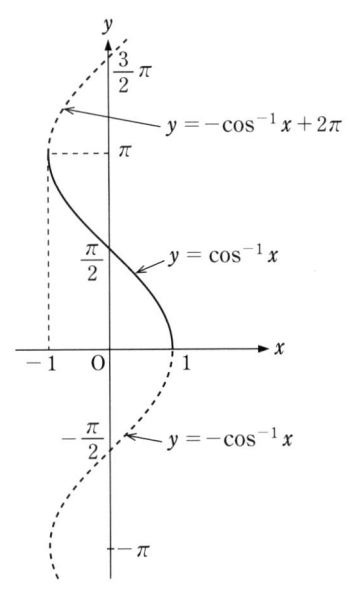

図 11.15 $y = \cos^{-1} x$ のグラフ．
破線は主値以外を表す．

例題 11.8 表 11.2 を用いて主値を計算せよ．
(1) $\cos^{-1}(-1)$ (2) $\cos^{-1}\dfrac{1}{\sqrt{2}} + \cos^{-1}\left(-\dfrac{\sqrt{3}}{2}\right)$

解 表より主値を求めて計算する．
(1) $\cos^{-1}(-1) = \pi$
(2) $\cos^{-1}\dfrac{1}{\sqrt{2}} + \cos^{-1}\left(-\dfrac{\sqrt{3}}{2}\right) = \dfrac{\pi}{4} + \dfrac{5}{6}\pi = \dfrac{13}{12}\pi$

問 11.8 表 11.2 を用いて主値を計算せよ．
(1) $\cos^{-1} 0$ (2) $\cos^{-1}\dfrac{\sqrt{3}}{2} - \cos^{-1}\left(-\dfrac{1}{2}\right)$

逆 cos 関数の性質をまとめておく．

公式 11.2 逆 cos 関数の性質
逆 cos 関数 $y = \cos^{-1} x$ について次が成り立つ．
(1) $-1 \leqq x \leqq 1$
(2) 主値は $0 \leqq \cos^{-1} x \leqq \pi$．
(3) 減少する．
(4) $\cos^{-1} x = \dfrac{\pi}{2} - \sin^{-1} x$, $\cos^{-1}(-x) = \pi - \cos^{-1} x$
(5) 主値以外は主値を用いて $y = \pm \cos^{-1} x + 2n\pi$ (n は整数) と表す．

解説 逆 cos 関数の表やグラフからこれらの性質がわかる．(4) では逆 sin 関

数も用いる．

[注意] $\cos^{-1}(-x) \neq \cos^{-1} x$

11.4 逆 tan 関数

tan 関数の逆関数とは何か考える．まず直角三角形で角と辺の比の関係から見ていく．

tan 関数では直角三角形で角 x から辺の比 $y = \dfrac{b}{a}$ を求める．

$$x \longrightarrow \tan x = \frac{b}{a} = y$$

これとは反対に**逆 tan 関数**では直角三角形で辺の比 $y = \dfrac{b}{a}$ から角 x を求める．

$$y = \frac{b}{a} = \tan x \longrightarrow x$$

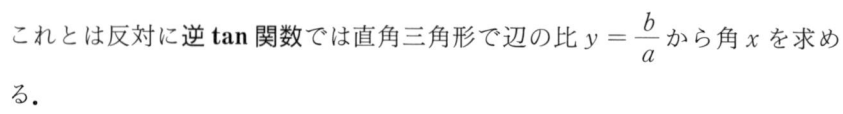

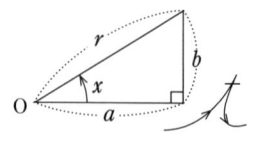

図 11.16 直角三角形の角 x と辺の比 $\dfrac{b}{a}$．

> **例題 11.9** 直角三角形を用いて角 $x\left(-\dfrac{\pi}{2} < x < \dfrac{\pi}{2}\right)$ を求めよ．
>
> (1) $\tan x = \sqrt{3}$ (2) $\tan x = -\dfrac{1}{\sqrt{3}}$

解 辺の比から直角三角形をかいて角 x を求める．

(1) $\tan x = \dfrac{\text{高さ}}{\text{底辺}} = \sqrt{3}$ ならば より $x = \dfrac{\pi}{3}$

(2) $\tan x = \dfrac{\text{高さ}}{\text{底辺}} = -\dfrac{1}{\sqrt{3}}$ ならば より $x = -\dfrac{\pi}{6}$

> **問 11.9** 直角三角形を用いて角 $x\left(-\dfrac{\pi}{2} < x < \dfrac{\pi}{2}\right)$ を求めよ．
>
> (1) $\tan x = \dfrac{1}{\sqrt{3}}$ (2) $\tan x = -1$

● 逆 tan 関数の意味と記号

逆 tan 関数を表す記号を導入する．

直角三角形の底辺を a, 高さを b, 斜辺を r とする．辺の比 $y = \dfrac{b}{a}$ ($-\infty < y < \infty$) に対して $y = \tan x$ となる角 x を $\tan^{-1} y$ または $\arctan y$ と表す．すなわち

$$y = \tan x \quad \text{ならば} \quad \tan^{-1} y = \arctan y = x$$

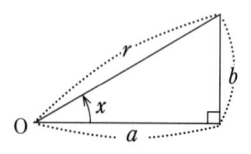

図 11.17 直角三角形の角 x と辺の比 $\dfrac{b}{a}$．

注意 三角関数と区別する．
$$\tan^{-1} x \neq \frac{1}{\tan x}$$

例題 11.10 例題 11.9 で逆 tan 関数の記号 $\tan^{-1}$ を用いて表せ．

解 $\tan^{-1}$（辺の比）＝ 角 の式で書く．

(1) $\tan^{-1} \sqrt{3} = \dfrac{\pi}{3}$

(2) $\tan^{-1} \left(-\dfrac{1}{\sqrt{3}}\right) = -\dfrac{\pi}{6}$

問 11.10 問 11.9 で逆 tan 関数の記号 $\tan^{-1}$ を用いて表せ．

注意 実は角は 1 つに決まらない．
$$\sqrt{3} = \tan \frac{\pi}{3} = \tan \frac{4}{3}\pi = \tan \frac{7}{3}\pi = \cdots \quad \text{より}$$
$$\tan^{-1} \sqrt{3} = \frac{\pi}{3}, \ \frac{4}{3}\pi, \ \frac{7}{3}\pi, \ \cdots$$

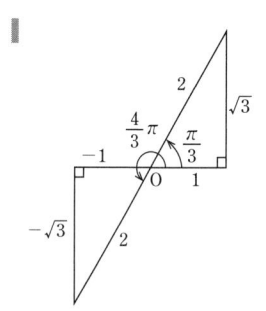

図 11.18 辺の比と角．

● **逆 tan 関数と主値**

逆 tan 関数の主値を導入して性質を見ていく．
$$y = \tan^{-1} x$$

関数 $\tan^{-1} x$ の値（角）を $-\dfrac{\pi}{2} < \tan^{-1} x < \dfrac{\pi}{2}$ に制限して 1 つに決める．これを**主値**といい，$\mathrm{Tan}^{-1} x$ とも書く．

例 3 逆 tan 関数の表とグラフをかく．
$$y = \tan^{-1} x$$

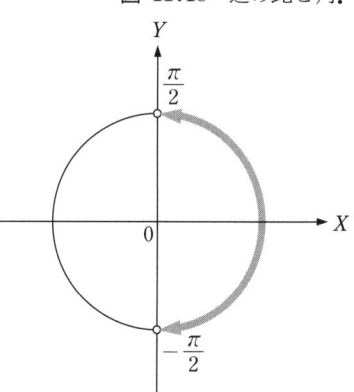

図 11.19 逆 tan 関数の主値の範囲．

表 11.3 $\tan^{-1} x$ の値．直角三角形を用いて角を求める．ただし，第 4 象限では三角形の高さを負の数で表す．

x 高さ/底辺	$-\infty$	$-\sqrt{3}$	-1	$-\dfrac{1}{\sqrt{3}}$	0	$\dfrac{1}{\sqrt{3}}$	1	$\sqrt{3}$	∞
三角形									
$\tan^{-1} x$ 角	$-\dfrac{\pi}{2}$	$-\dfrac{\pi}{3}$	$-\dfrac{\pi}{4}$	$-\dfrac{\pi}{6}$	0	$\dfrac{\pi}{6}$	$\dfrac{\pi}{4}$	$\dfrac{\pi}{3}$	$\dfrac{\pi}{2}$

11.4 逆 tan 関数

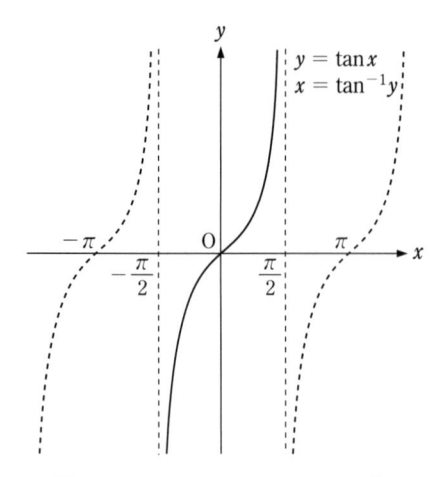

図 11.20 $y = \tan x$, $x = \tan^{-1} y$ のグラフ．破線は主値以外を表す．

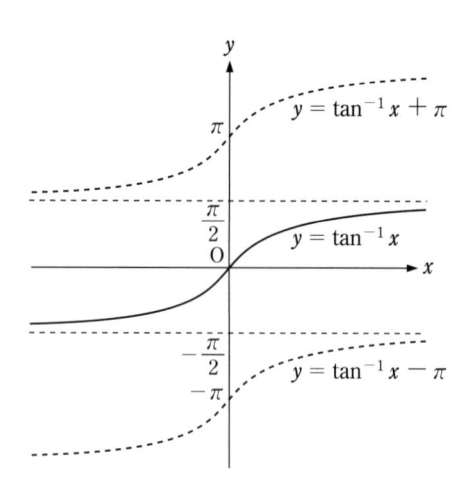

図 11.21 $y = \tan^{-1} x$ のグラフ．破線は主値以外を表す．

例題 11.11 表 11.3 を用いて主値を計算せよ．
  (1) $\tan^{-1} \infty$ (2) $\tan^{-1} \sqrt{3} + \tan^{-1}\left(-\dfrac{1}{\sqrt{3}}\right)$

解 表より主値を求めて計算する．

(1) $\tan^{-1} \infty = \dfrac{\pi}{2}$

(2) $\tan^{-1} \sqrt{3} + \tan^{-1}\left(-\dfrac{1}{\sqrt{3}}\right) = \dfrac{\pi}{3} - \dfrac{\pi}{6} = \dfrac{\pi}{6}$

問 11.11 表 11.3 を用いて主値を計算せよ．
  (1) $\tan^{-1}(-\infty)$ (2) $\tan^{-1} \dfrac{1}{\sqrt{3}} - \tan^{-1}(-1)$

逆 tan 関数の性質をまとめておく．

公式 11.3 逆 tan 関数の性質

逆 tan 関数 $y = \tan^{-1} x$ について次が成り立つ．

(1) $-\infty < x < \infty$

(2) 主値は $-\dfrac{\pi}{2} < \tan^{-1} x < \dfrac{\pi}{2}$．

(3) 増加する．

(4) $\tan^{-1}(-x) = -\tan^{-1} x$

(5) グラフでは直線 $y = \pm\dfrac{\pi}{2}$ が漸近線になる．

(6) 主値以外は主値を用いて $y = \tan^{-1} x + n\pi$（n は整数）と表す．

解説　逆tan関数の表やグラフからこれらの性質がわかる．

練習問題 11

1. 合成関数 $f(g(x))$ と $g(f(x))$ を作れ．

(1) $f(x)=x^2+2x$, $g(x)=\dfrac{x}{x+1}$

(2) $f(x)=xe^x$, $g(x)=x+\dfrac{1}{x}$

(3) $f(x)=\dfrac{\sin x}{x}$, $g(x)=x+\sqrt{x}$

(4) $f(x)=\dfrac{x}{\log x}$, $g(x)=x\sqrt{x}$

2. 逆関数を作れ．

(1) $y=\dfrac{x-1}{x+1}$　　(2) $y=x-\sqrt{x^2+1}$

(3) $y=e^{x+1}+1$　　(4) $y=\log(x-1)-1$

3. 直角三角形を用いて角 $x\left(-\dfrac{\pi}{2}\leqq x\leqq\dfrac{\pi}{2}\right)$ を求めよ．

(1) $\sin x=\dfrac{\sqrt{3}}{2}$　　(2) $\sin x=-\dfrac{1}{2}$

4. 問題 3 で逆 sin 関数の記号 $\sin^{-1}$ を用いて表せ．

5. 直角三角形を用いて角 $x\,(0\leqq x\leqq\pi)$ を求めよ．

(1) $\cos x=\dfrac{1}{2}$　　(2) $\cos x=-\dfrac{1}{\sqrt{2}}$

6. 問題 5 で逆 cos 関数の記号 $\cos^{-1}$ を用いて表せ．

7. 直角三角形を用いて角 $x\left(-\dfrac{\pi}{2}<x<\dfrac{\pi}{2}\right)$ を求めよ．

(1) $\tan x=1$　　(2) $\tan x=-\sqrt{3}$

8. 問題 7 で逆 tan 関数の記号 $\tan^{-1}$ を用いて表せ．

9. 公式 11.1〜11.3 を用いて主値を計算せよ．

(1) $\sin^{-1}x+\sin^{-1}(-x)$　　(2) $\sin^{-1}x+\cos^{-1}x$

(3) $\cos^{-1}x+\cos^{-1}(-x)$　　(4) $\tan^{-1}x+\tan^{-1}(-x)$

解答

問 **11.1**　(1) $\dfrac{2}{x+1}-1$, $\dfrac{1}{2x}$　　(2) 3^{x^2}, 3^{2x}　　(3) $\sin\dfrac{1}{x}$, $\dfrac{1}{\sin x}$

(4) $\log_2\sqrt{x}$, $\sqrt{\log_2 x}$

問 **11.2**　(1) $y=\dfrac{1}{3}(x-2)$　　(2) $y=\dfrac{1}{x+1}$　　(3) $y=-\sqrt{x+3}$

(4)　$y = x^2 + 1$

問 11.3　(1)　$\dfrac{\pi}{4}$　　(2)　$-\dfrac{\pi}{3}$

問 11.4　(1)　$\sin^{-1}\dfrac{1}{\sqrt{2}} = \dfrac{\pi}{4}$　　(2)　$\sin^{-1}\left(-\dfrac{\sqrt{3}}{2}\right) = -\dfrac{\pi}{3}$

問 11.5　(1)　$\dfrac{\pi}{2}$　　(2)　$\dfrac{7}{12}\pi$

問 11.6　(1)　$\dfrac{\pi}{6}$　　(2)　$\dfrac{2}{3}\pi$

問 11.7　(1)　$\cos^{-1}\dfrac{\sqrt{3}}{2} = \dfrac{\pi}{6}$　　(2)　$\cos^{-1}\left(-\dfrac{1}{2}\right) = \dfrac{2}{3}\pi$

問 11.8　(1)　$\dfrac{\pi}{2}$　　(2)　$-\dfrac{\pi}{2}$

問 11.9　(1)　$\dfrac{\pi}{6}$　　(2)　$-\dfrac{\pi}{4}$

問 11.10　(1)　$\tan^{-1}\dfrac{1}{\sqrt{3}} = \dfrac{\pi}{6}$　　(2)　$\tan^{-1}(-1) = -\dfrac{\pi}{4}$

問 11.11　(1)　$-\dfrac{\pi}{2}$　　(2)　$\dfrac{5}{12}\pi$

練習問題 11

1. (1)　$\left(\dfrac{x}{x+1}\right)^2 + \dfrac{2x}{x+1},\ \dfrac{x^2+2x}{x^2+2x+1}$　　(2)　$\left(x+\dfrac{1}{x}\right)e^{x+\frac{1}{x}},\ xe^x + \dfrac{1}{xe^x}$

　　(3)　$\dfrac{\sin(x+\sqrt{x})}{x+\sqrt{x}},\ \dfrac{\sin x}{x} + \sqrt{\dfrac{\sin x}{x}}$　　(4)　$\dfrac{x\sqrt{x}}{\log x\sqrt{x}},\ \dfrac{x}{\log x}\sqrt{\dfrac{x}{\log x}}$

2. (1)　$y = \dfrac{1+x}{1-x}$　　(2)　$y = \dfrac{1}{2}\left(x-\dfrac{1}{x}\right)$　　(3)　$y = \log(x-1) - 1$

　　(4)　$y = e^{x+1} + 1$

3. (1)　$\dfrac{\pi}{3}$　　(2)　$-\dfrac{\pi}{6}$

4. (1)　$\sin^{-1}\dfrac{\sqrt{3}}{2} = \dfrac{\pi}{3}$　　(2)　$\sin^{-1}\left(-\dfrac{1}{2}\right) = -\dfrac{\pi}{6}$

5. (1)　$\dfrac{\pi}{3}$　　(2)　$\dfrac{3}{4}\pi$

6. (1)　$\cos^{-1}\dfrac{1}{2} = \dfrac{\pi}{3}$　　(2)　$\cos^{-1}\left(-\dfrac{1}{\sqrt{2}}\right) = \dfrac{3}{4}\pi$

7. (1)　$\dfrac{\pi}{4}$　　(2)　$-\dfrac{\pi}{3}$

8. (1)　$\tan^{-1} 1 = \dfrac{\pi}{4}$　　(2)　$\tan^{-1}(-\sqrt{3}) = -\dfrac{\pi}{3}$

9. (1)　0　　(2)　$\dfrac{\pi}{2}$　　(3)　π　　(4)　0

§12 平面図形と式

これまで方程式を用いていろいろな関数やグラフを調べた．ここでは方程式や不等式で表された平面図形を見ていく．

12.1 直線の方程式

直線を表す方程式を考える．

1次方程式 $y = ax+b$ のグラフは直線になるが，ここでは直線の方程式を一般的に取り上げる．

例1 直線の方程式からグラフをかく．

(1) $y = 2x-1$

傾きが2，y切片が-1の直線．

(2) $x = 2$

y軸に平行（傾きが$\pm\infty$），x切片が2の直線．

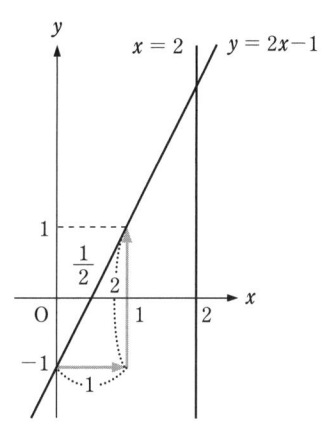

図 12.1 直線と方程式．

例1の方程式を移項して整理すると $2x-y-1 = 0$，$x-2 = 0$ となり，どちらも1次方程式 $ax+by+c = 0$ になる．これが**直線の方程式**の一般形である．

以上をまとめておく．

公式 12.1 直線の方程式

(1) 点 $A(a,b)$ を通り，傾きが k の直線 l は
$$y = k(x-a)+b$$

(2) 点 $A(a,b)$ を通り，傾きが k の直線に垂直な直線 n は
$$y = -\frac{1}{k}(x-a)+b$$

(3) 点 $A(a,b)$ を通り，y軸に平行な直線 m は
$$x = a$$

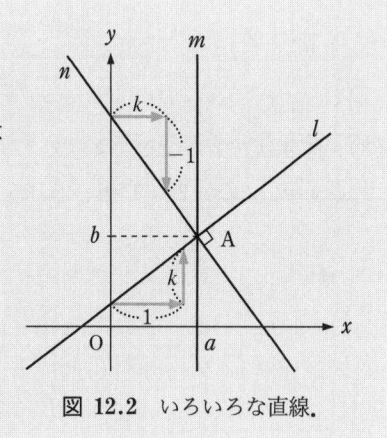

図 12.2 いろいろな直線．

解説 (1)，(2)では直線の通る点と傾きから方程式が求まる．(3)ではy軸に平行な直線はx軸との交点の式が方程式になる．

[注意] 座標軸に平行な直線は対応する変数を含まない．すなわち，x 軸に平行ならば方程式は $y=b$ となる．y 軸に平行ならば方程式は $x=a$ となる．

例題 12.1 公式 12.1 を用いて直線の方程式を求めよ．

(1) 点 A$(1,2)$ を通り，傾き $\dfrac{1}{2}$ の直線．

(2) 2 点 A$(1,1)$, B$(2,3)$ を通る直線．

(3) 点 A$(2,1)$ を通り，直線 $y=-2x$ に平行な直線．

(4) 点 A$(4,0)$ を通り，直線 $y=2x$ に垂直な直線．

解 直線の通る点や傾きから方程式を求める．

(1) $y=\dfrac{1}{2}(x-1)+2=\dfrac{1}{2}x+\dfrac{3}{2}$

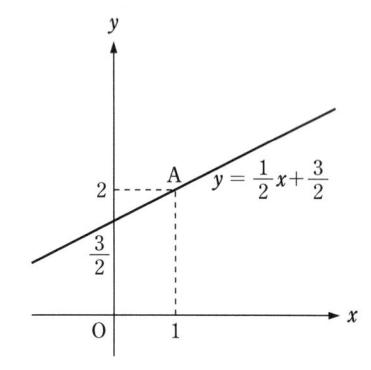

図 12.3 点 A$(1,2)$ を通り，傾きが $\dfrac{1}{2}$ の直線．

(2) 図 12.4 より傾きは $\dfrac{3-1}{2-1}=2$ となる．よって
$y=2(x-1)+1=2x-1$

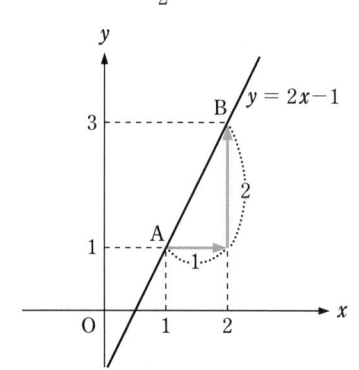

図 12.4 2 点 A$(1,1)$, B$(2,3)$ を通る直線．

(3) 傾きは -2 となる．よって
$y=-2(x-2)+1=-2x+5$

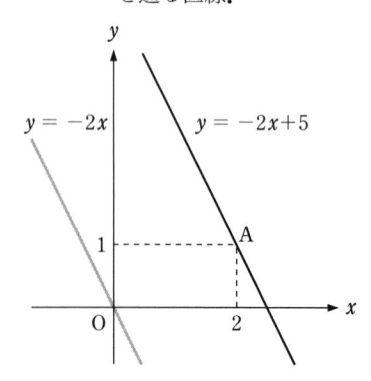

図 12.5 点 A$(2,1)$ を通り，$y=-2x$ に平行な直線．

(4) 傾きは $-\dfrac{1}{2}$ となる．よって
$$y = -\dfrac{1}{2}(x-4) = -\dfrac{1}{2}x+2$$

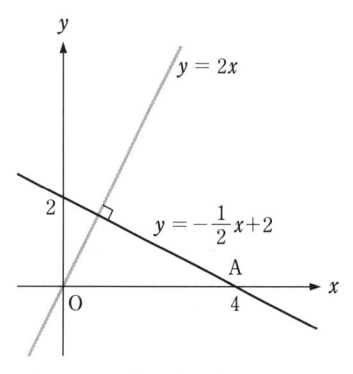

図 12.6　点 $A(4,0)$ を通り，$y=2x$ に垂直な直線．

問 12.1 公式 12.1 を用いて直線の方程式を求めよ．

(1) 点 $A(-3,2)$ を通り，傾き -2 の直線．

(2) 2 点 $A(-1,4)$，$B(5,1)$ を通る直線．

(3) 点 $A(-4,-2)$ を通り，直線 $y=\dfrac{1}{4}x$ に平行な直線．

(4) 点 $A(3,5)$ を通り，直線 $y=\dfrac{3}{2}x$ に垂直な直線．

● 直線の交点

2 直線の交点の求め方を考える．

2 つの直線の方程式を連立させれば交点が求まる．

例題 12.2　2 直線の交点を求めよ．
$$y = -2x+2, \quad y = x+1$$

解　2 直線の方程式を連立させて解く．
$$\begin{cases} y = -2x+2 & ① \\ y = x+1 & ② \end{cases}$$

①−② より　$0 = -3x+1$,　$x = \dfrac{1}{3}$

これを ② に代入すると $y = \dfrac{1}{3}+1 = \dfrac{4}{3}$

交点 $\left(\dfrac{1}{3}, \dfrac{4}{3}\right)$

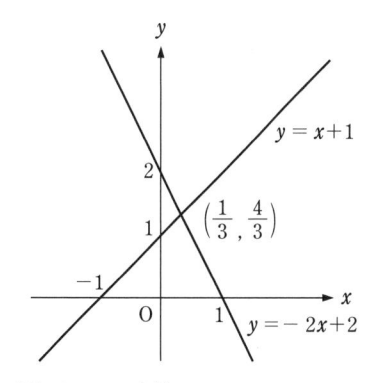

図 12.7　2 直線 $y=-2x+2$，$y=x+1$ の交点 $\left(\dfrac{1}{3}, \dfrac{4}{3}\right)$．

問 12.2 2 直線の交点を求めよ．

(1) $y=2x-1$，$y=-2x+3$　　(2) $-3x+y=5$，$x+2y=3$

12.1　直線の方程式

12.2 円の方程式

円を表す方程式を考える．

点 $A(a,b)$ を中心とする半径 r の円の方程式を求める．円周上の 1 点を $P(x,y)$ とおくと $AP = r$ となる．図 12.8 の直角三角形 APQ でピタゴラスの定理より

$$AQ^2 + QP^2 = AP^2 = r^2$$
$$(x-a)^2 + (y-b)^2 = r^2$$

これより次が成り立つ．

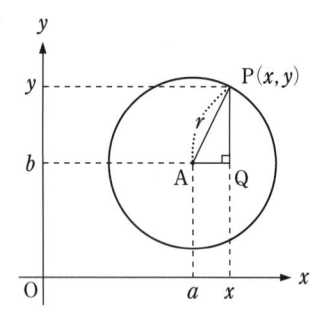

図 12.8 点 A を中心とする半径 r の円．

公式 12.2 円の方程式

(1) 点 $A(a,b)$ を中心とする半径 r の円は
$$(x-a)^2 + (y-b)^2 = r^2$$

(2) 原点 $(0,0)$ を中心とする半径 r の円は
$$x^2 + y^2 = r^2$$

[解説] 円の中心と半径から方程式が求まる．

[注意] 2 点 $A(a,b)$, $P(x,y)$ 間の距離は $\overline{AP} = \sqrt{(x-a)^2 + (y-b)^2}$ となる．

例題 12.3 公式 12.2 を用いて円の方程式を求めよ．
(1) 点 $A(-1,2)$ を中心とする半径 $\sqrt{2}$ の円．
(2) 円 $x^2 + y^2 - 4x + 6y - 3 = 0$ の中心 A と半径．

[解] 円の中心と半径を調べて方程式を求める．

(1) $(x+1)^2 + (y-2)^2 = 2$

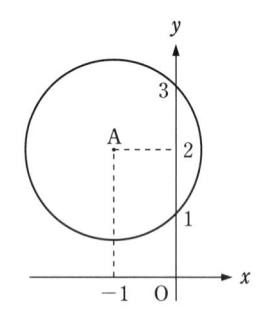

図 12.9 点 $A(-1,2)$ を中心とする半径 $\sqrt{2}$ の円．

(2) $x^2+y^2-4x+6y-3=0$
$(x-2)^2+(y+3)^2-4-9-3=0$
$(x-2)^2+(y+3)^2=16=4^2$

中心 A$(2,-3)$，半径 4．

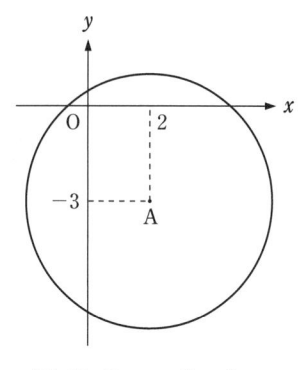

図 12.10　円 $x^2+y^2-4x+6y-3=0$．

> 問 12.3　公式 12.2 を用いて円の方程式を求めよ．
> 　(1)　点 A$(3,-1)$ を中心として原点 O を通る円．
> 　(2)　点 A$(2,1)$ を中心として y 軸に接する円．

12.3　陰関数と媒介変数

関数や図形の方程式といえばこれまで変数 x と y の式で表されていた．ここではいろいろな方程式を見ていく．

● 陰関数

独立変数と従属変数が混ざった関数を調べる．

関数 $y=2x+1$ のように変数 y が変数 x の式で $y=f(x)$ と表されるならば，**陽関数**という．これに対して関数 $2x-y+1=0$ のように変数 x と y の式で $F(x,y)=0$ と表されるならば，**陰関数**という．

> **例題 12.4**　陰関数を陽関数に直せ．
> 　(1)　$3x-2y+1=0$　　(2)　$x^2+y^2=1$　$(y \geq 0)$

解　陰関数（x と y の式）$=0$ を陽関数 $y=$（x の式）に変形する．

(1) $3x-2y+1=0$
$2y=3x+1$
$y=\dfrac{3}{2}x+\dfrac{1}{2}$

(2) $x^2+y^2=1$　$(y \geq 0)$
$y^2=1-x^2$
$y=\sqrt{1-x^2}$

> 問 12.4　陰関数を陽関数に直せ．
> 　(1)　$xy-x-y-1=0$　　(2)　$y^2-x-1=0$　$(y \geq 0)$

[注意] 陽関数に直せない場合もある．
$$x^5+y^5=xy$$

● 媒介変数

独立変数と従属変数以外の変数を含む関数を調べる．

x と y 以外の変数たとえば変数 t の式で $x=f(t)$，$y=g(t)$ と表されるならば，**媒介変数表示**という．この t を**媒介変数**（パラメタ）という．媒介変数を消して変数 x と y の式にするとグラフの形がわかる．

例題 12.5 媒介変数 t を消して変数 x と y の方程式を求めよ．

(1) $\begin{cases} x = 2t+1 \\ y = -t+2 \end{cases}$ (2) $\begin{cases} x = 2\cos t - 1 \\ y = 2\sin t \end{cases}$

解 連立方程式から媒介変数を工夫して消す．

(1) $\begin{cases} x = 2t+1 \\ y = -t+2 \end{cases}$

$x+2y = 2t+1-2t+4 = 5$

$y = -\dfrac{1}{2}x + \dfrac{5}{2}$

傾きが $-\dfrac{1}{2}$，y 切片が $\dfrac{5}{2}$ の直線．

(2) $\begin{cases} x = 2\cos t - 1 \\ y = 2\sin t \end{cases}$

公式 10.2(4) より

$(x+1)^2 + y^2 = 4\cos^2 t + 4\sin^2 t = 4(\cos^2 t + \sin^2 t) = 4 = 2^2$

点 $(-1, 0)$ を中心とする半径 2 の円．

問 12.5 媒介変数 t を消して変数 x と y の方程式を求めよ．

(1) $\begin{cases} x = 3t-4 \\ y = -2t+1 \end{cases}$ (2) $\begin{cases} x = 3\cos t + 1 \\ y = 3\sin t - 2 \end{cases}$

[注意] 媒介変数を消せない場合もある．

$$\begin{cases} x = r(t-\sin t) \\ y = r(1-\cos t) \end{cases}$$

は直線上をころがる半径 r の円周上の 1 点の動きを表す曲線になる．これをサイクロイドという．

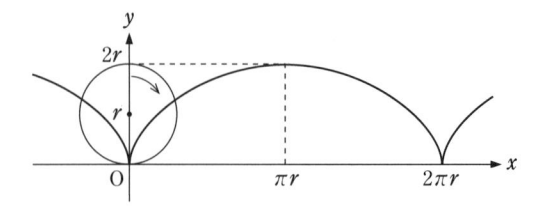

図 12.11 サイクロイド．

12.4 不等式と図形

不等式が表す図形を見ていく．

例2 方程式や不等式と各点の位置を調べる．
$$y > x+1 \quad ①$$
$$y = x+1 \quad ②$$
$$y < x+1 \quad ③$$

点 A$(1,3)$ は ① を満たす．｝
点 B$(1,2)$ は ② を満たす． 平面上の各点で①か②
点 C$(1,1)$ は ③ を満たす． か③の1つが成り立つ．

すなわち，方程式 $y = x+1$ は直線を表し，直線の上側の各点は ① を満たす．直線上の各点は ② を満たし，直線の下側の各点は ③ を満たす．

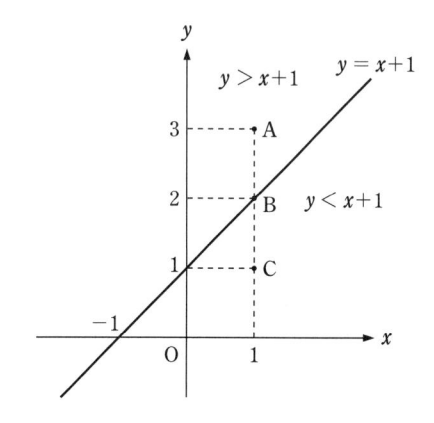

図 12.12 $y \gtreqless x+1$ と各点の位置．

例題 12.6 不等式が表す図形をかけ．
(1) $y \geqq x^2 - 1$ (2) $x^2 + y^2 > 4$

解 グラフ上にない点，たとえば，原点が不等式を満たすか調べる．それにより図形がグラフのどちら側にあるか判断する．

(1) $y \geqq x^2 - 1$

方程式 $y = x^2 - 1$ は放物線を表し，原点 $(0,0)$ は不等式を満たす．よって，放物線の上側になる．境界も含む．

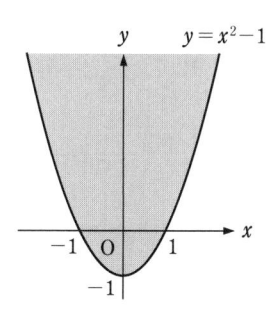

図 12.13 $y \geqq x^2 - 1$ が表す図形．

(2) $x^2 + y^2 > 4$

方程式 $x^2 + y^2 = 4$ は円を表し，原点 $(0,0)$ は不等式を満たさない．よって，円の外側になる．境界は含まない．

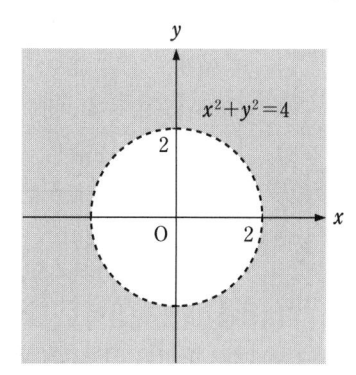

図 12.14 $x^2 + y^2 > 4$ が表す図形．

問 12.6 不等式が表す図形をかけ．
(1) $x + y \geqq 2$ (2) $y < x^2 + 2x + 1$

注意 不等式の中に不等号と等号がある（$\geqq, \leqq$）場合は境界を含む．不等号のみ（$>, <$）の場合は境界を含まない．

12.4 不等式と図形

● 連立不等式

2つ以上の不等式で表された図形を考える．

いくつかの図形の共通部分を表すときは連立不等式を用いる．

> **例題 12.7** 連立不等式が表す図形をかけ．
> $$\begin{cases} y < x+1 \\ y \geqq x^2-1 \end{cases}$$

解 グラフ上にない点，たとえば，原点が各不等式を満たすか調べる．それにより図形が各グラフのどちら側にあるか判断する．
$$\begin{cases} y < x+1 & ① \\ y \geqq x^2-1 & ② \end{cases}$$

方程式 $y = x+1$ は直線，$y = x^2-1$ は放物線を表す．原点 $(0,0)$ は①と②を満たすので，放物線の上側で，直線の下側になる．よって，放物線と直線に囲まれた図形になる．境界は直線 $y = x+1$ を含まない．

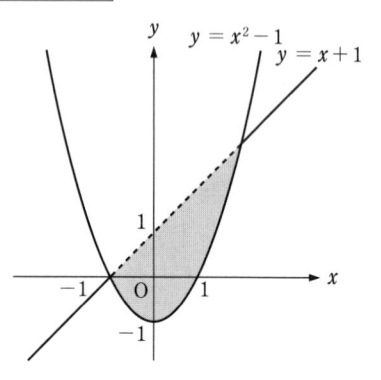

図 12.15 $y < x+1$, $y \geqq x^2-1$ が表す図形．

> **問 12.7** 連立不等式が表す図形をかけ．
> (1) $\begin{cases} y < x-1 \\ y \leqq -x-1 \end{cases}$ (2) $\begin{cases} x^2+y^2 \leqq 1 \\ y < 2x-1 \end{cases}$

練習問題 12

1. 公式 12.1 を用いて直線の方程式を求めよ．
  (1) 点 A$(2,-3)$ を通り，傾き 4 の直線．
  (2) 2点 A$(-2,-3)$, B$(3,1)$ を通る直線．
  (3) 点 A$(3,-2)$ を通り，y 軸に平行な直線．
  (4) 点 A$(-1,4)$ を通り，直線 $y = -3x$ に垂直な直線．

2. 2直線の交点を求めよ．
  (1) $y = \dfrac{1}{2}x-1$, $y = 2x-2$ (2) $2x+3y = 7$, $3x-4y = 2$

3. 公式 12.2 を用いて円の方程式を求めよ．
  (1) 点 A$(-2,3)$ を中心として点 B$(1,-1)$ を通る円．
  (2) 点 A$(-1,-1)$ を中心として直線 $y = 2$ に接する円．

4. 陰関数を陽関数に直せ．
  (1) $3xy-x+4y-2 = 0$ (2) $y^2-2xy-1 = 0$ $(y \geqq x)$

§12 平面図形と式

5. 媒介変数 t を消して変数 x と y の方程式を求めよ.

(1) $\begin{cases} x = t + \dfrac{1}{t} \\ y = t - \dfrac{1}{t} \end{cases}$ (2) $\begin{cases} x = \sec t \\ y = \tan t \end{cases}$

6. 不等式が表す図形をかけ.

(1) $2x - y > 1$ (2) $(x-1)^2 + (y-1)^2 \leqq 4$

7. 連立不等式が表す図形をかけ.

(1) $\begin{cases} 0 \leqq x \\ 0 \leqq y \\ x + y < 1 \end{cases}$ (2) $1 \leqq x^2 + y^2 < 4$

解答

問 **12.1** (1) $y = -2x - 4$ (2) $y = -\dfrac{1}{2}x + \dfrac{7}{2}$ (3) $y = \dfrac{1}{4}x - 1$

(4) $y = -\dfrac{2}{3}x + 7$

問 **12.2** (1) $(1, 1)$ (2) $(-1, 2)$

問 **12.3** (1) $(x-3)^2 + (y+1)^2 = 10$ (2) $(x-2)^2 + (y-1)^2 = 4$

問 **12.4** (1) $y = \dfrac{x+1}{x-1}$ (2) $y = \sqrt{x+1}$

問 **12.5** (1) $2x + 3y + 5 = 0$ (2) $(x-1)^2 + (y+2)^2 = 9$

問 **12.6** (1) (2)

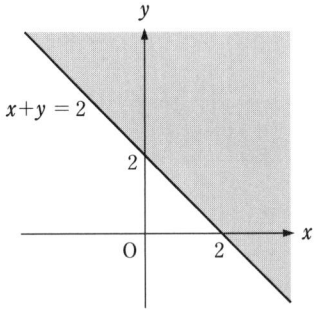

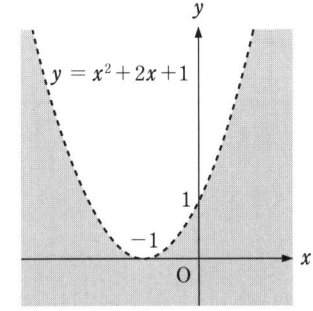

問 **12.7** (1) 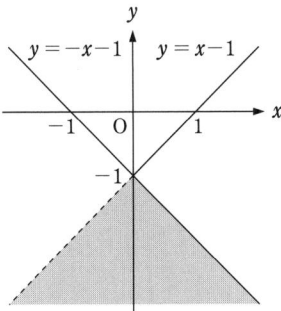 (2)

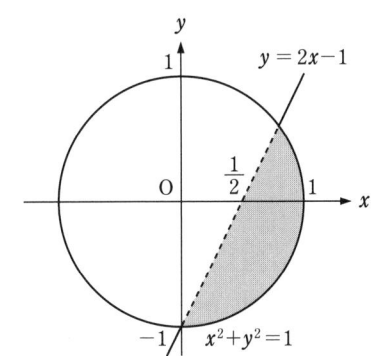

練習問題 12

1. (1) $y = 4x - 11$ (2) $y = \dfrac{4}{5}x - \dfrac{7}{5}$ (3) $x = 3$

(4) $y = \dfrac{1}{3}x + \dfrac{13}{3}$

2. (1) $\left(\dfrac{2}{3}, -\dfrac{2}{3}\right)$ (2) $(2, 1)$

3. (1) $(x+2)^2 + (y-3)^2 = 25$ (2) $(x+1)^2 + (y+1)^2 = 9$

4. (1) $y = \dfrac{x+2}{3x+4}$ (2) $y = x + \sqrt{x^2+1}$

5. (1) $x^2 - y^2 = 4$ (2) $x^2 - y^2 = 1$

6. (1)

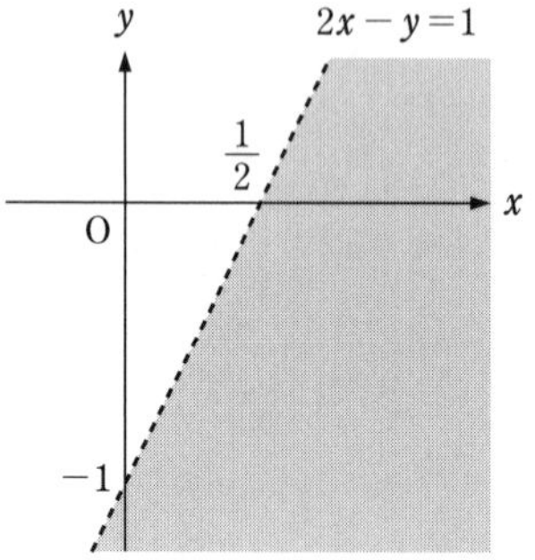

(2)

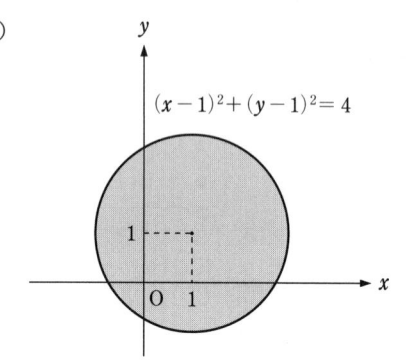

7. (1)

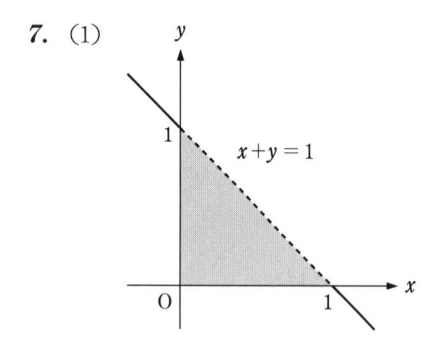

(2)

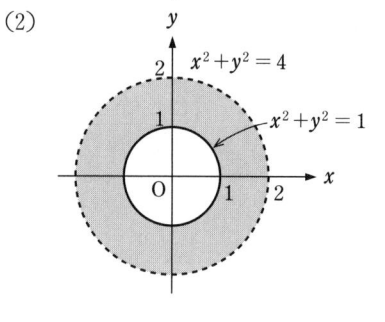

§13 空間図形と式

§12 では平面図形の方程式や不等式を調べた．ここでは方程式で表された空間図形について見ていく．

13.1 平面の方程式

平面を表す方程式を考える．まず空間の座標を導入する．

空間内で直交する3本の数直線を引く．それぞれ **x 軸**，**y 軸**，**z 軸**，まとめて**座標軸**という．この空間を**座標空間**（**xyz 空間**）という．座標軸の交点を**原点 O** という．

空間内の点 P から各座標軸に垂線を下したとき，x 軸との交点 a を **x 座標**，y 軸との交点 b を **y 座標**，z 軸との交点 c を **z 座標**という．(a,b,c) を点 P の**座標**といい，P(a,b,c) と書く．2変数関数 $z = f(x,y)$ の対応する変数 x と y と z を点の座標 (x,y,z) として空間内に並べると**グラフ**になる．

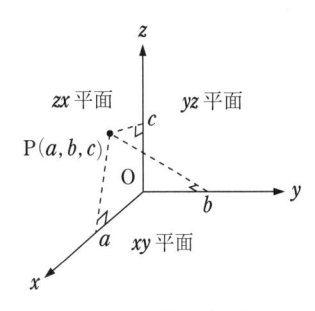

図 13.1 点の座標と座標平面．

2変数の1次方程式 $z = ax+by+c$ のグラフは平面になる．ここでは平面の方程式を一般的に取り上げる．まず座標軸を含む**座標平面**から始める．x 軸と y 軸を含むならば **xy 平面**，y 軸と z 軸を含むならば **yz 平面**，z 軸と x 軸を含むならば **zx 平面**という．

例1 平面の方程式からグラフをかく．

(1) $z = x+2y+3$

x 軸方向の傾きが1，y 軸方向の傾きが2，z 切片が3の平面．

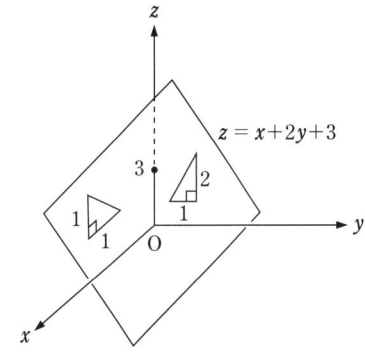

図 13.2 平面と方程式．

(2) $y = -x+2$

z 軸に平行で xy 平面との交線が $y = -x+2$ の平面．

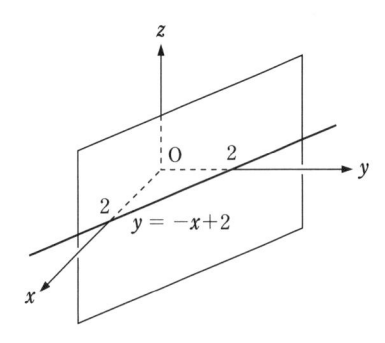

図 13.3 z 軸に平行な平面と方程式．

例1の方程式を移項して整理すると $x+2y-z+3=0$, $x+y-2=0$ となり，どちらも1次方程式 $ax+by+cz+d=0$ になる．これが**平面の方程式の一般形**である．

● ベクトルと成分

ここでベクトルと成分を導入する．

原点Oと点 $A(a_1, a_2, a_3)$ を結ぶ，向きのついた線分 $\overrightarrow{OA}$ を**ベクトル**という．$\overrightarrow{OA} = \boldsymbol{a} = \begin{pmatrix} a_1 \\ a_2 \\ a_3 \end{pmatrix}$ を**成分表示**といい，各 a_1, a_2, a_3 を**成分**という．2点 $B(b_1, b_2, b_3)$，$C(c_1, c_2, c_3)$ を結ぶベクトル $\overrightarrow{BC}$ は平行移動して点Bを原点に移せば $\overrightarrow{BC} = \begin{pmatrix} c_1-b_1 \\ c_2-b_2 \\ c_3-b_3 \end{pmatrix}$ となる．

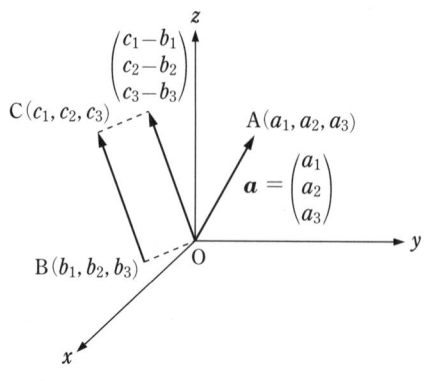

図 13.4 ベクトル $\overrightarrow{OA}$, $\overrightarrow{BC}$ と成分表示．

平面の方程式 $ax+by+cz+d=0$ で，ベクトル $\boldsymbol{n} = \begin{pmatrix} a \\ b \\ c \end{pmatrix}$ は平面と垂直になり**法線ベクトル**という．

例2 平面の法線ベクトル $\boldsymbol{n}$ を求める．
$$\pi : x+y+z = 3$$
3点 $(3,0,0)$, $(0,3,0)$, $(0,0,3)$ を通る平面．法線ベクトルは
$$\boldsymbol{n} = \begin{pmatrix} 1 \\ 1 \\ 1 \end{pmatrix}$$

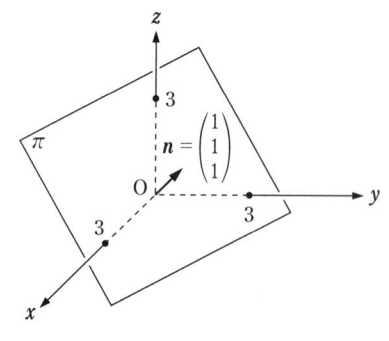

図 13.5 平面 π と法線ベクトル $\boldsymbol{n}$．

以上をまとめておく．

公式 13.1 平面の方程式

(1) 点 $A(a,b,c)$ を通り，x 軸方向の**傾き**が h，y 軸方向の傾きが k の平面は
$$z = h(x-a) + k(y-b) + c$$

(2) 点 $A(a,b,c)$ を通り，z 軸に平行な平面は
$$y = k(x-a) + b \quad \text{または} \quad x = a$$

(3) 点 $A(a,b,c)$ を通り，法線ベクトルが $\boldsymbol{n} = \begin{pmatrix} u \\ v \\ w \end{pmatrix}$ の平面は
$$u(x-a) + v(y-b) + w(z-c) = 0$$

[解説] (1)では平面の通る点と傾きから方程式が求まる．(2)では z 軸に平行な平面は xy 平面との交線の式が方程式になる．(3)では平面の通る点と法線ベクトルから方程式が求まる．

[注意] 座標軸に平行な平面は対応する変数を含まない．すなわち，x 軸に平行ならば方程式は $z = ky+c$ または $y = b$ となる．y 軸に平行ならば方程式は $z = hx+c$ または $x = a$ となる．z 軸に平行ならば方程式は $y = kx+b$ または $x = a$ となる．

> **例題 13.1** 公式 13.1 を用いて平面の方程式を求めよ．
> (1) 点 A$(1,2,3)$ を通り，x 軸方向の傾きが 2，y 軸方向の傾きが 4 の平面．
> (2) 3 点 A$(1,1,1)$，B$(2,1,4)$，C$(1,3,-1)$ を通る平面．
> (3) 点 A$(-1,3,-2)$ を通り，法線ベクトルが $\begin{pmatrix} 2 \\ -2 \\ -1 \end{pmatrix}$ の平面．
> (4) 点 A$(2,-1,1)$ を通り，平面 $z = -2x+3y$ に平行な平面．

[解] 平面の通る点や傾き，法線ベクトルから方程式を求める．
(1) $z = 2(x-1)+4(y-2)+3 = 2x+4y-7$
(2) x 軸方向の傾きを h，y 軸方向の傾きを k とおく．点 A を通るから
$$z = h(x-1)+k(y-1)+1$$
点 B を通るから $4 = h(2-1)+k(1-1)+1 = h+1,\ h = 3$
点 C を通るから $-1 = h(1-1)+k(3-1)+1 = 2k+1,\ k = -1$
$$z = 3(x-1)-(y-1)+1 = 3x-y-1$$
(3) $2(x+1)-2(y-3)-(z+2) = 0$
$$2x-2y-z+6 = 0$$
(4) x 軸方向の傾きは -2，y 軸方向の傾きは 3 になる．よって
$$z = -2(x-2)+3(y+1)+1 = -2x+3y+8$$

> **問 13.1** 公式 13.1 を用いて平面の方程式を求めよ．
> (1) 点 A$(-2,3,4)$ を通り，x 軸方向の傾きが -1，y 軸方向の傾きが 3 の平面．
> (2) 3 点 A$(-1,2,3)$，B$(2,3,-1)$，C$(3,-1,2)$ を通る平面．
> (3) 点 A$(4,1,-2)$ を通り，法線ベクトルが $\begin{pmatrix} -1 \\ 2 \\ -2 \end{pmatrix}$ の平面．
> (4) 点 A$(-2,-1,2)$ を通り，平面 $2x-4y+z = 0$ に平行な平面．

13.2 直線の方程式

空間の直線を表す方程式を考える.

2変数の連立1次方程式 $z = hx+d = ky+e$ のグラフは2つの平面の交線すなわち空間の直線 l を表す. この式を整理すると $\dfrac{x-a}{u} = \dfrac{y-b}{v} = \dfrac{z-c}{w}$ の形になる. これが**直線の方程式の一般形**である. ベクトル $\boldsymbol{u} = \begin{pmatrix} u \\ v \\ w \end{pmatrix}$ は直線に平行で**方向ベクトル**という.

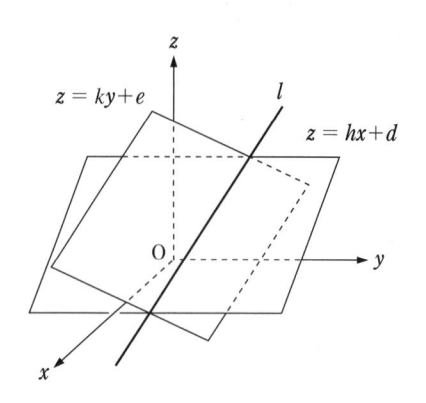

図 13.6 2平面 $z = hx+d$, $z = ky+e$ の交線 l.

例3 直線の方向ベクトル $\boldsymbol{u}$ を求める.
$$l : x = y = z-1$$
2点 A$(0,0,1)$, B$(1,1,2)$ を通る直線. 方向ベクトルは
$$\boldsymbol{u} = \overrightarrow{AB} = \begin{pmatrix} 1-0 \\ 1-0 \\ 2-1 \end{pmatrix} = \begin{pmatrix} 1 \\ 1 \\ 1 \end{pmatrix}$$

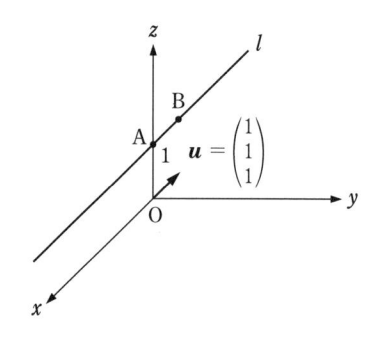

図 13.7 直線 l と方向ベクトル $\boldsymbol{u}$.

以上をまとめておく.

公式 13.2 空間の直線の方程式

(1) 点 A(a,b,c) を通り, 方向ベクトルが $\boldsymbol{u} = \begin{pmatrix} u \\ v \\ w \end{pmatrix}$ の直線は
$$\dfrac{x-a}{u} = \dfrac{y-b}{v} = \dfrac{z-c}{w}$$

(2) 点 A(a,b,c) を通り, 方向ベクトルが $\boldsymbol{u} = \begin{pmatrix} 0 \\ v \\ w \end{pmatrix}$ の直線は
$$x = a, \quad \dfrac{y-b}{v} = \dfrac{z-c}{w}$$

(3) 点 A(a,b,c) を通り, 方向ベクトルが $\boldsymbol{u} = \begin{pmatrix} 0 \\ 0 \\ w \end{pmatrix}$ の直線は
$$x = a, \quad y = b$$

[解説] 直線の通る点と方向ベクトルから方程式が求まる．方向ベクトルの成分 u, v, w が 0 のときは，分子の式 $x-a$, $y-b$, $z-c$ を 0 とおき，方程式を $x = a$, $y = b$, $z = c$ とする．

[注意] 座標軸に平行な直線は対応する変数を含まない．すなわち，x 軸に平行ならば方程式は $y = b$, $z = c$ となる．y 軸に平行ならば方程式は $x = a$, $z = c$ となる．z 軸に平行ならば方程式は $x = a$, $y = b$ となる．

例題 13.2 公式 13.2 を用いて直線の方程式を求めよ．

(1) 点 A$(2, 1, -3)$ を通り，方向ベクトルが $\begin{pmatrix} 1 \\ -2 \\ 2 \end{pmatrix}$ の直線．

(2) 2 点 A$(1, 2, 3)$, B$(3, 1, -1)$ を通る直線．

(3) 点 A$(-1, 3, 4)$ を通り，直線 $\dfrac{x}{6} = \dfrac{y}{3} = \dfrac{z}{2}$ に平行な直線．

[解] 直線の通る点や方向ベクトルから方程式を求める．

(1) $\dfrac{x-2}{1} = \dfrac{y-1}{-2} = \dfrac{z+3}{2}$ または $x-2 = -\dfrac{y-1}{2} = \dfrac{z+3}{2}$

(2) 方向ベクトルは
$$\overrightarrow{AB} = \begin{pmatrix} 3-1 \\ 1-2 \\ -1-3 \end{pmatrix} = \begin{pmatrix} 2 \\ -1 \\ -4 \end{pmatrix}$$
となる．よって
$$\dfrac{x-1}{2} = \dfrac{y-2}{-1} = \dfrac{z-3}{-4} \quad \text{または} \quad \dfrac{x-1}{2} = -y+2 = -\dfrac{z-3}{4}$$

(3) 方向ベクトルは $\begin{pmatrix} 6 \\ 3 \\ 2 \end{pmatrix}$ となる．よって
$$\dfrac{x+1}{6} = \dfrac{y-3}{3} = \dfrac{z-4}{2}$$

問 13.2 公式 13.2 を用いて直線の方程式を求めよ．

(1) 点 A$(-4, -3, 2)$ を通り，方向ベクトルが $\begin{pmatrix} 2 \\ -1 \\ 3 \end{pmatrix}$ の直線．

(2) 原点 O と点 A$(-1, 3, 4)$ を通る直線．

(3) 2 点 A$(2, 1, -1)$, B$(1, -1, 3)$ を通る直線．

(4) 点 A$(2, 4, -5)$ を通り，直線 $\dfrac{x}{4} = \dfrac{y}{6} = -\dfrac{z}{3}$ に平行な直線．

● 平面と直線

平面と直線が垂直に交わるための条件を調べる．

点 $A(a,b,c)$ を通る平面 π と点 $A'(a',b',c')$ を通る直線 l を考える．

$$\pi : u(x-a)+v(y-b)+w(z-c) = 0$$

$$l : \frac{x-a'}{u'} = \frac{y-b'}{v'} = \frac{z-c'}{w'}$$

π の法線ベクトル $\bm{n} = \begin{pmatrix} u \\ v \\ w \end{pmatrix}$ と l の方向ベクトル $\bm{u} = \begin{pmatrix} u' \\ v' \\ w' \end{pmatrix}$ が $\bm{n} /\!/ \bm{u}$ ならば $\pi \perp l$ となる．

例4 垂直な平面と直線を調べる．

$$\pi : x+y+z = 3, \quad \bm{n} = \begin{pmatrix} 1 \\ 1 \\ 1 \end{pmatrix}$$

$$l : x = y = z-1, \quad \bm{u} = \begin{pmatrix} 1 \\ 1 \\ 1 \end{pmatrix}$$

$\bm{n} /\!/ \bm{u}$ より $\pi \perp l$

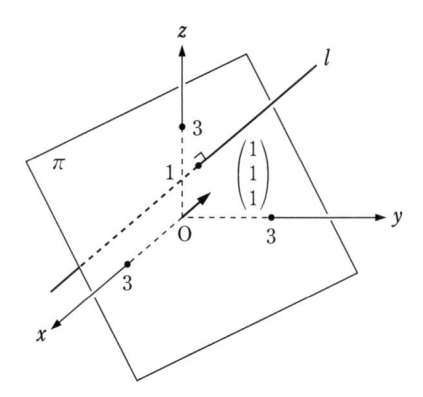

図 13.8 垂直な平面 π と直線 l．

これより次が成り立つ．

> **公式 13.3 垂直に交わる平面と直線**
>
> 点 $A(a,b,c)$ を通る次の平面 π と点 $A'(a',b',c')$ を通る次の直線 l は垂直に交わる．
>
> (1) $\pi : u(x-a)+v(y-b)+w(z-c) = 0,$
>
> $l : \dfrac{x-a'}{u} = \dfrac{y-b'}{v} = \dfrac{z-c'}{w}$
>
> (2) $\pi : z = h(x-a)+k(y-b)+c, \quad l : \dfrac{x-a'}{h} = \dfrac{y-b'}{k} = \dfrac{z-c'}{-1}$

[解説] 平面の法線ベクトルと直線の方向ベクトルを等しくすれば，垂直な平面や直線の方程式が求まる．

> **例題 13.3** 公式 13.1〜13.3 を用いて平面や直線の方程式を求めよ．
>
> (1) 点 $A(2,-1,1)$ を通り，直線 $-\dfrac{x}{4} = y = \dfrac{z}{2}$ に垂直な平面．
>
> (2) 点 $A(-1,2,4)$ を通り，平面 $z = 2x-3y+1$ に垂直な直線．

§13 空間図形と式

解 平面や直線の通る点やベクトルから方程式を求める.

(1) 法線ベクトルは $\begin{pmatrix} -4 \\ 1 \\ 2 \end{pmatrix}$ となる. よって
$$-4(x-2)+(y+1)+2(z-1) = 0$$
$$-4x+y+2z+7 = 0$$

(2) 方向ベクトルは $\begin{pmatrix} 2 \\ -3 \\ -1 \end{pmatrix}$ となる. よって
$$\frac{x+1}{2} = \frac{y-2}{-3} = \frac{z-4}{-1} \quad \text{または} \quad \frac{x+1}{2} = -\frac{y-2}{3} = -z+4$$

問 13.3 公式 13.1〜13.3 を用いて平面や直線の方程式を求めよ.

(1) 点 A(3, 4, 1) を通り, 直線 $\dfrac{x}{3} = -\dfrac{y}{2} = z$ に垂直な平面.

(2) 点 A(2, −1, −3) を通り, 平面 $3x+5y-4z = 0$ に垂直な直線.

13.3 球の方程式

球を表す方程式を考える.

点 A(a, b, c) を中心とする半径 r の**球**の方程式を求める. 球面上の 1 点を P(x, y, z) とおくと AP $= r$ となる. 図 13.9 の直角三角形 APQ でピタゴラスの定理より
$$AQ^2+QP^2 = AP^2 = r^2$$
$$AQ^2 = A'Q'^2 = (x-a)^2+(y-b)^2$$
$$(x-a)^2+(y-b)^2+(z-c)^2 = r^2$$

これより次が成り立つ.

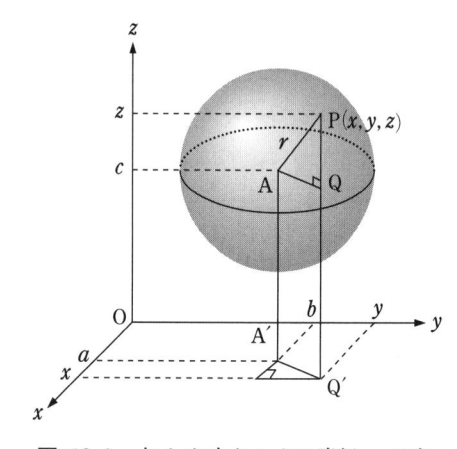

図 13.9 点 A を中心とする半径 r の球.

公式 13.4 球の方程式

(1) 点 A(a, b, c) を中心とする半径 r の球は
$$(x-a)^2+(y-b)^2+(z-c)^2 = r^2$$

(2) 原点 (0, 0, 0) を中心とする半径 r の球は
$$x^2+y^2+z^2 = r^2$$

解説 球の中心と半径から方程式が求まる.

注意 2 点 A(a, b, c), P(x, y, z) 間の距離は
$$\overline{AP} = \sqrt{(x-a)^2+(y-b)^2+(z-c)^2} \text{ となる.}$$

例題 13.4 公式 13.4 を用いて球の方程式を求めよ．
(1) 点 A(2, −3, −1) を中心とする半径 $\sqrt{3}$ の球．
(2) 球 $x^2+y^2+z^2-2x-4y+6z-2=0$ の中心 A と半径．

解 球の中心と半径を調べて方程式を求める．
(1) $(x-2)^2+(y+3)^2+(z+1)^2=3$
(2) $x^2+y^2+z^2-2x-4y+6z-2=0$
$(x-1)^2+(y-2)^2+(z+3)^2-1-4-9-2=0$
$(x-1)^2+(y-2)^2+(z+3)^2=16=4^2$
中心 A(1, 2, −3)，半径 4．

問 13.4 公式 13.4 を用いて球の方程式を求めよ．
(1) 点 A(2, −3, 1) を中心として原点 O を通る球．
(2) 点 A(3, 4, 2) を中心として xy 平面に接する球．

練習問題 13

1. 公式 13.1 を用いて平面の方程式を求めよ．
(1) 点 A(1, −4, 2) を通り，x 軸方向の傾きが −2，y 軸方向の傾きが −1 の平面．
(2) 3 点 A(1, 2, 3)，B(2, 1, 3)，C(1, 2, 0) を通る平面．
(3) 点 A(2, 1, −1) を通り，法線ベクトルが $\begin{pmatrix} -1 \\ -1 \\ 1 \end{pmatrix}$ の平面．
(4) 点 A(−3, 1, −4) を通り，平面 $4x+3y-z=0$ に平行な平面．

2. 公式 13.2 を用いて直線の方程式を求めよ．
(1) 点 A(2, −4, 5) を通り，方向ベクトルが $\begin{pmatrix} 0 \\ -2 \\ 5 \end{pmatrix}$ の直線．
(2) 2 点 A(3, 1, 4)，B(2, 1, −1) を通る直線．
(3) 点 A(−1, 0, 3) を通り，z 軸に平行な直線．
(4) 点 A(5, −3, −1) を通り，直線 $x=-\dfrac{y}{4}$, $z=0$ に平行な直線．

3. 公式 13.1〜13.3 を用いて平面や直線の方程式を求めよ．
(1) 点 A(−1, 5, 4) を通り，直線 $x=0$, $\dfrac{y}{3}=-\dfrac{z}{2}$ に垂直な平面．
(2) 点 A(1, −4, 3) を通り，平面 $-x+2y=0$ に垂直な直線．

4. 公式 13.4 を用いて球の方程式を求めよ．
   (1) 点 A$(2, -1, 5)$ を中心として点 B$(0, 1, 4)$ を通る球．
   (2) 点 A$(1, -2, 4)$ を中心として平面 $z = 2$ に接する球．

解答

問 13.1 (1) $z = -x + 3y - 7$ (2) $z = -x - y + 4$
         (3) $x - 2y + 2z + 2 = 0$ (4) $2x - 4y + z - 2 = 0$

問 13.2 (1) $\dfrac{x+4}{2} = -y - 3 = \dfrac{z-2}{3}$ (2) $-x = \dfrac{y}{3} = \dfrac{z}{4}$
         (3) $x - 2 = \dfrac{y-1}{2} = -\dfrac{z+1}{4}$ (4) $\dfrac{x-2}{4} = \dfrac{y-4}{6} = -\dfrac{z+5}{3}$

問 13.3 (1) $3x - 2y + z - 2 = 0$ (2) $\dfrac{x-2}{3} = \dfrac{y+1}{5} = -\dfrac{z+3}{4}$

問 13.4 (1) $(x-2)^2 + (y+3)^2 + (z-1)^2 = 14$
         (2) $(x-3)^2 + (y-4)^2 + (z-2)^2 = 4$

練習問題 13

1. (1) $z = -2x - y$ (2) $y = -x + 3$
    (3) $x + y - z - 4 = 0$ (4) $4x + 3y - z + 5 = 0$

2. (1) $x = 2$, $-\dfrac{y+4}{2} = \dfrac{z-5}{5}$ (2) $x - 3 = \dfrac{z-4}{5}$, $y = 1$
    (3) $x = -1$, $y = 0$ (4) $x - 5 = -\dfrac{y+3}{4}$, $z = -1$

3. (1) $3y - 2z - 7 = 0$ (2) $-x + 1 = \dfrac{y+4}{2}$, $z = 3$

4. (1) $(x-2)^2 + (y+1)^2 + (z-5)^2 = 9$
    (2) $(x-1)^2 + (y+2)^2 + (z-4)^2 = 4$

索　引

あ 行

余りの定理	23
移項	4
1 次関数	**50**, 52
1 次式	22, **30**, 34, 37, 50
1 次不等式	37
1 次方程式	4, **34**, 121, 131, 132
一般角	98
陰関数	125
因数	**25**, 27
因数定理	28
因数分解	**25**, 29
上に凸	52
右辺	**3**, 34, 37
x 座標	5, 110, 131
x 軸	5, 43, 131
xyz 空間	131
xy 平面	5, 43, 131
n 次関数	50, **61**, 62
n 乗根	**14**, 29, 68
円	98, 124, 126
オイラーの公式	84

か 行

解	**33**, 37
開区間	11
角	**98**, 99, 110, 113, 116
傾き	6, **50**, 121, 131, 132
仮分数	13
加法定理	84, **104**
関数	4, 5, **49**, 50
逆関数	108
逆 cos 関数	113, **114**, 115
逆 sin 関数	110, **111**, 112
逆三角関数	108
逆数	77
逆 tan 関数	116, **117**, 118
球	137
級数	30
境界	127
共通因数	25
共役	36, **41**, 43
共役複素数	41
虚軸	43
虚数	10, 14, **36**, 41, 84
虚数解	**36**, 38
虚数単位	10, **36**, 41, 84
虚部	41

さ 行

距離	**12**, 43, 46, 124, 137
区間	11
グラフ	5, **49**, 131
係数	18
原点	5, **10**, 131
項	18
高次関数	50
高次式	27, **30**
高次不等式	37
高次方程式	35
合成関数	108
交線	133, **134**
交点	123
恒等式	33
cos 関数	113
弧度	98
根号	**14**, 16, 29, 36, 68, 78

サイクロイド	126
最小公倍数	2
最大公約数	2
sin 関数	110
座標	5, **49**, 131
座標空間	131
座標軸	5, 131
座標平面	5, 131
左辺	**3**, 34, 37
三角関数	84, **99**, 101, 102
三角不等式	46
3 次式	**27**, 35, 37
3 次不等式	37
3 次方程式	35
三平方の定理	7
軸	52
次数	18
指数	19, **77**, 88, 100
指数関数	**81**, 82, 84
指数法則	19, **79**
自然数	**1**, 10
自然対数	89
自然対数の底	89
下に凸	52
実関数	50
実軸	43
実数	**10**, 14, 41
実数解	**35**, 38, 62
実部	41
周期	102
従属変数	**49**, 108

た 行

主値	**111**, 114, 117
純虚数	41
象限	5
常用対数	89
除法	**27**, 28, 36, 38
尻取り	46
真数	88
垂直	**121**, 136
数式	30
数直線	2, 5, **10**
整関数	61
整式	**18**, 25, 28, 30, 61
整除	21
整数	2, **10**, 13
正の角	98
正の数	**2**, 11, 14, 36, 88
正の符号	2
成分	132
積和公式	104
接線	**82**, 93
絶対値	**11**, 41, 43, 46, 52
zx 平面	131
z 座標	131
z 軸	131
z 切片	131
漸近線	64, 82, 92, 102, 118
素因数分解	**1**, 2
双曲線関数	84
素数	1

対称移動	62, 66, 68, 82, 93, 102
対数	88, 89
対数関数	**91**, 92
代数関数	50
代数式	30
代数的数	10
対数法則	89
代入	**22**, 49
代入法	33
帯分数	13
多項式	18, 30, 50, 61
単位円	98
単項式	18
tan 関数	116
端点	11
中心角	43
超越関数	50

な 行

超越式	30
超越数	10
頂点	52
直線	**50**, 121, 134
直角三角形	6, 44, 99, 110, 113, 116, 124, 137
直角二等辺三角形	6
通分	2, 13, 28, 29
底	**77**, 88
定数	30, **49**, 50
定数関数	50
定数項	18
展開	**19**, 28, 29
等号	**33**, 127
等式	**3**, 4, 33, 34
同類項	18
解く	**34**, 37
独立変数	**49**, 108

2 次関数	50, **52**
2 次式	26, **30**, 35, 37, 52
2 次不等式	37
2 次方程式	35
2 次方程式の解の公式	35
2 重解	35, 38, 62
2 変数関数	131

は 行

媒介変数	126
倍角公式	104
パラメタ	126
半開区間	11
半角公式	104
繁分数	29, 30
ピタゴラスの定理	6, 43, 100, 124, 137
表	4, 37, **49**, 62
標準形	54
比例	6
比例定数	6
複素関数	50
複素数	**10**, 41
複素平面	43
符号	3, 11, 37, 50, 52, 62
不等号	**37**, 127
不等式	**37**, 43, 126
負の角	**98**, 100
負の数	2, 11, 14, 36

負の符号	2	平面	49, 131, 132	未定係数法	33		**ら　行**	
プラス	2	べき	77	無限大	**10**, 65	ラジアン		98
分数	**10**, 13	ベクトル	132	無理関数	50, **68**	立方根		14
分数関数	50, **64**	偏角	**43**, 47	無理式	29, **30**, 67	両辺		3, 33, 34, 37
分数式	28, **30**, 64	変数	4, **49**	無理数	**10**, 14	累乗		**77**, 88
分配法則	19	辺の比	**99**, 110, 113, 116	文字式	**18**, 25, 30	累乗根		14
分母をはらう	4	方向ベクトル	134		**や　行**	連立1次方程式		**34**, 134
閉区間	11	法線ベクトル	132	約分	2, **13**, 28	連立不等式		128
平行	**121**, 132	方程式		有理化	**16**, 29		**わ　行**	
平行移動			33, 49, 121, 124, 132	有理関数	50	y座標		**5**, 110, 131
	53, 54, **62**, 66, 68, 82,	放物線	52	有理式	28, **30**	y軸		**5**, 43, 131
	93, 102		**ま　行**	有理数	**10**, 13	yz平面		131
平行四辺形の法則	46	マイナス	**2**, 11	陽関数	125	y切片		50
平方完成	54	未知数	**33**, 34					
平方根	**14**, 36, 78							

記号索引

実　数	
$\|a\|$	**11**, 15
$\infty,\ +\infty,\ -\infty$	**10**, 65

根　号	
$\sqrt{0},\ \sqrt[n]{0}$	14
$\sqrt{a}$	**14**, 29, 78
$\sqrt{a^2}$	15
$\sqrt{\sqrt{a}}$	**15**, 78
$\sqrt{\sqrt{\sqrt{a}}}$	78
$\sqrt[2]{a}$	**14**, 78
$\sqrt[n]{a}$	**14**, 29, 78
$\sqrt[n]{a^n}$	14
$\sqrt[n]{a^n}$	14
$\sqrt[n]{a^m}$	**14**, 78
$\sqrt[n]{a^m}$	**14**, 78
$\sqrt[m]{\sqrt[n]{a}}$	15

複素数	
i	10, **36**, 41, 84
$\sqrt{-1}$	**36**, 41
$a+bi$	41
$\mathrm{Re}\,\alpha$	41
$\mathrm{Im}\,\alpha$	41
$\bar{\alpha}$	41
$\|\alpha\|$	41
$\arg \alpha$	43

関　数	
$f(x)$	**49**, 125
$f^{-1}(x),\ f^{-1}(y)$	**108**, 109
$f(f(x))$	49
$f(g(x))$	108
$z=f(x,y)$	131
$F(x,y)$	125
$x=f(t),\ y=g(t)$	126

n 次関数	
$y=b$	50
$y=ax$	6
$y=ax+b$	50
$y=ax^2+bx+c$	52
$y=a(x+p)^2+q$	54
$y=kx^n$	61

分数関数	
$y=\dfrac{k}{x}$	66
$y=\dfrac{k}{x^n}$	64
$y=\dfrac{ax+b}{cx+d}$	67

無理関数	
$y=\sqrt{ax}$	68
$y=\sqrt[n]{ax}$	68
$y=\pm\sqrt{ax+b}+q$	70

指数関数	
a^0	77
a^n	19
a^{-n}	77
$\dfrac{1}{a^n}$	77
$a^{\frac{1}{n}}$	78
$a^{\frac{m}{n}}$	78
a^p	77
a^x	**81**, 88
ka^x	82
e	**82**, 89, 93
e^x	82
e^{ix}	84
$\exp x$	82

双曲線関数	
$\sinh x$	84
$\cosh x$	84
$\tanh x$	84
$\coth x$	84
$\mathrm{sech}\,x$	84
$\mathrm{cosech}\,x$	84
$\sinh^2 x$	84
$\cosh^3 x$	84

対数関数	
$\log x$	**89**, 93
$\log_{10} x$	89
$\log_a x,\ \log_a y$	**88**, 91
$\log_a \|x\|$	91
$k \log_a x$	93
$\log_e x$	89
$\ln x$	**89**, 93
$\mathrm{lc}\,x$	89

三角関数	
$\sin x,\ \sin\theta$	84, **99**, 110
$\cos x,\ \cos\theta$	84, **99**, 113
$\tan x,\ \tan\theta$	**99**, 116
$\cot x,\ \cot\theta$	99
$\sec x,\ \sec\theta$	99
$\csc x,\ \csc\theta$	99
$k \sin x$	102
$k \cos x$	102
$k \tan x$	102
$\sin^2 x,\ \sin^2\theta$	100
$\cos^3 x,\ \cos^3\theta$	100
$\tan^4 x,\ \tan^4\theta$	100

逆三角関数	
$\sin^{-1} x,\ \sin^{-1} y$	110
$\cos^{-1} x,\ \cos^{-1} y$	113
$\tan^{-1} x,\ \tan^{-1} y$	116
$\mathrm{Sin}^{-1} x$	111
$\mathrm{Cos}^{-1} x$	114
$\mathrm{Tan}^{-1} x$	117
$\arcsin x,\ \arcsin y$	110
$\arccos x,\ \arccos y$	113
$\arctan x,\ \arctan y$	116

その他	
$\pi,\ 2\pi$	98
rad	98
O	2, 5, **10**, 131
(a,b)	5
$\mathrm{P}(a,b)$	5
(a,b,c)	131
$\mathrm{P}(a,b,c)$	131
$\overrightarrow{\mathrm{AP}}$	**124**, 137
$\overrightarrow{\mathrm{OA}}$	132
$\boldsymbol{a}$	132
$\begin{pmatrix}a_1\\a_2\\a_3\end{pmatrix}$	132
$+$	**2**, 3, 18
$-$	**2**, 3, 18
$=$	3, 10, **33**, 127
$<$	10, **37**, 43, 127
$\leqq$	**37**, 127
$/\!/$	136
$\perp$	136

佐野 公朗
  1958年1月　東京都に生まれる
  1981年　　早稲田大学理工学部数学科卒業
  現　在　　八戸工業大学名誉教授
  　　　　　博士（理学）

計算力が身に付く 数学基礎

2005年10月31日　第1版　第1刷　発行
2021年 2月15日　第1版　第11刷　発行

著　者　佐野 公朗（きの きみろう）
発行者　発田 和子
発行所　株式会社 学術図書出版社
　　　　〒113-0033　東京都文京区本郷 5-4-6
　　　　TEL 03-3811-0889　振替 00110-4-28454
　　　　印刷　中央印刷（株）

本書の一部または全部を無断で複写（コピー）・複製・転載することは，著作権法で認められた場合を除き，著作者および出版社の権利の侵害となります．あらかじめ小社に許諾を求めてください．

ⓒ 2005　K. SANO Printed in Japan

ISBN 978-4-87361-288-1

逆三角関数 (p. 112, 115, 118)

$\cos^{-1} x = \dfrac{\pi}{2} - \sin^{-1} x$

$\sin^{-1}(-x) = -\sin^{-1} x$

$\cos^{-1}(-x) = \pi - \cos^{-1} x$

$\tan^{-1}(-x) = -\tan^{-1} x$

関数 $y = f(x)$ のグラフの移動

(p. 63, 66, 68, 82, 93, 102)

- x 軸に関して対称移動

  $y = -f(x)$

- y 軸に関して対称移動

  $y = f(-x)$

- 原点に関して対称移動

  $y = -f(-x)$

- x 軸方向に p, y 軸方向に q だけ平行移動

  $y = f(x-p) + q$

直線の方程式 (p. 121)

- 点 $A(a, b)$ を通り傾きが k の直線

  $y = k(x-a) + b$

- 点 $A(a, b)$ を通り, 傾きが k の直線に垂直な直線

  $y = -\dfrac{1}{k}(x-a) + b$

- 点 $A(a, b)$ を通り y 軸に平行な直線

  $x = a$

円の方程式 (p. 124)

- 点 $A(a, b)$ を中心とする半径 r の円

  $(x-a)^2 + (y-b)^2 = r^2$

- 原点 $(0, 0)$ を中心とする半径 r の円

  $x^2 + y^2 = r^2$

平面の方程式 (p. 132)

- 点 $A(a, b, c)$ を通り x 軸方向の傾きが h, y 軸方向の傾きが k の平面

  $z = h(x-a) + k(y-b) + c$

- 点 $A(a, b, c)$ を通り z 軸に平行な平面

  $y = k(x-a) + b$ または $x = a$

- 点 $A(a, b, c)$ を通り法線ベクトルが $\begin{pmatrix} u \\ v \\ w \end{pmatrix}$ の平面

  $u(x-a) + v(y-b) + w(z-c) = 0$

空間の直線の方程式 (p. 134)

- 点 $A(a, b, c)$ を通り方向ベクトルが $\begin{pmatrix} u \\ v \\ w \end{pmatrix}$ の直線

  $\dfrac{x-a}{u} = \dfrac{y-b}{v} = \dfrac{z-c}{w}$

垂直に交わる平面と直線 (p. 136)

点 $A(a, b, c)$ を通る平面 π と点 $A'(a', b', c')$ を通る直線 l は垂直

- $\begin{cases} \pi : u(x-a) + v(y-b) + w(z-c) = 0 \\ l : \dfrac{x-a'}{u} = \dfrac{y-b'}{v} = \dfrac{z-c'}{w} \end{cases}$

- $\begin{cases} \pi : z = h(x-a) + k(y-b) + c \\ l : \dfrac{x-a'}{h} = \dfrac{y-b'}{k} = \dfrac{z-c'}{-1} \end{cases}$

球の方程式 (p. 137)

- 点 $A(a, b, c)$ を中心とする半径 r の球

  $(x-a)^2 + (y-b)^2 + (z-c)^2 = r^2$

- 原点 $(0, 0, 0)$ を中心とする半径 r の球

  $x^2 + y^2 + z^2 = r^2$

度と弧度の関係

度	0°	30°	45°	60°	90°	120°	135°	150°	180°
弧度	0	$\dfrac{\pi}{6}$	$\dfrac{\pi}{4}$	$\dfrac{\pi}{3}$	$\dfrac{\pi}{2}$	$\dfrac{2}{3}\pi$	$\dfrac{3}{4}\pi$	$\dfrac{5}{6}\pi$	π

度	180°	210°	225°	240°	270°	300°	315°	330°	360°
弧度	π	$\dfrac{7}{6}\pi$	$\dfrac{5}{4}\pi$	$\dfrac{4}{3}\pi$	$\dfrac{3}{2}\pi$	$\dfrac{5}{3}\pi$	$\dfrac{7}{4}\pi$	$\dfrac{11}{6}\pi$	2π